只靠洗臉
就治好了讓我
苦惱 20 年的肌膚
粗糙乾燥問題

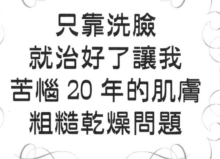

從前，我也曾持續為肌膚粗糙乾燥的問題煩惱了二十年以上。
不斷重複著「塗抹保養品↓觀察反應」這個過程。
可是卻什麼變化都沒有——

LABO

我和醫院的工作人員一起學習，
並請教了許多為肌膚粗糙乾燥所苦的患者們，
最後，我終於找到了。

「素顏比化妝更漂亮」，
我找到了能夠獲得這種肌膚的方法。
那個方法非常簡單——

那個方法絕對能讓妳的肌膚變漂亮。

減法美肌

月診萬人皮膚科醫師親身實踐，打破保養騙術

菅原由香子／著
楊鈺儀／譯

前言

我是醫美皮膚科醫生，為了肌膚粗糙乾燥問題，煩惱了二十年之久。

在國中、高中時代，我的肌膚可是連一顆青春痘都沒長過。成為大學生後，我開始模仿學姊與朋友使用保養品，也迷上了出現在雜誌或電視中的各種美妝產品。

結果，不知道從什麼時候開始，滿臉都長出了青春痘。我祈禱著「希望明天早上青春痘不會再增加」，努力地洗臉，為了能讓肌膚變美麗而費盡心力保養。但是，隔天一早，一定又會冒出新痘痘。就這樣，每天都過著看著鏡子嘆氣的日子。

我的肌膚問題不只青春痘。從某個時候起，我眼睛的周圍發紅，整臉也都腫了起來。每天臉都好癢，總是會抓個不停。

我的臉變得坑坑疤疤，太陽穴以及額頭全是傷疤，臉上到處脫皮，這樣的我唯一的心願，只有誠摯希望自己「變回普通肌膚」而已。

我抱著想把肌膚治癒的想法，成為了皮膚科醫生，但是，肌膚粗糙乾燥的問題卻沒因此治好。

我泫然欲泣，想著「像我這樣糟糕的肌膚，就算去跟患者說肌膚保養的事，也一點說服力都沒有」，但我沒有放棄，每天仍思考著該麼做才能改善肌膚粗糙乾燥的問題。

我把自己的肌膚當成實驗品，嘗試使用各式各樣的保養品，不斷重複著肌膚紅腫、粗糙乾燥的過程。歷經多年形形色色的實驗，對於「做什麼事才會造成肌膚粗糙乾燥」，我發現了一個重大的事實。就這樣，我終於克服了持續二十年以上的肌膚粗糙乾燥問題。

解除了肌膚粗糙乾燥的困擾，下一步，就是讓肌膚狀態更上一層樓，擁有「美肌」。那段時間，我日思夜想，不斷嘗試讓肌膚變美的方法。我從診療過的幾十萬名患者那兒請教了許多事，診所的員工們也配合我無理要求的實驗，不斷重複驗證。究竟如何讓「肌膚不會粗糙乾燥，變為輕盈美肌」？答案其實很簡單，那就是「活用肌膚的力量」。

人類的肌膚本來就具備有「變美麗的力量」。但是，有很多人在不知不覺中削弱了這份力量。

那是因為使用了錯誤的保養法，或是使用了不合適的保養品。

為肌膚粗糙乾燥而煩惱的您，究竟原因是出在哪裡呢？以美麗肌膚為目標的人又該怎麼做？本書中將會以具體易懂，且盡量不使用醫學術語的方式來寫出這些問題的答案。

為肌膚問題煩惱，卻又不知道問題出在哪的人；想要一直保持美麗肌膚的人，希望這本書能對您有所幫助。

菅原由香子

Chapter 3

食物造就輕盈美肌

Chapter 4

想擁有輕盈美肌絕對要避免的事

皮膚科醫師的
正確
洗髮洗臉方式

Chapter 1

Lesson

養成輕盈美肌的洗臉方式

肌膚漂亮的人是因為激發了「肌膚的力量」。

而卸妝與洗臉可說是最重要的。

你都是怎麼卸妝的呢？是不是把卸妝乳擠在手上，在眼睛周圍一圈一圈地搓著，使勁地搓揉全臉呢？是不是還順便做了按摩以預防肌膚鬆弛呢？

用力搓揉會破壞皮膚的構造。

此外，若是在顴骨突出的部分施力，將會活化色素細胞。也就是說，這樣的卸妝方式，其實是在製造顴骨部分的斑點。那就是肝斑的真實面目。

大部分的人都沒有注意到自己在卸妝時用力過頭。但其實卸妝時是完全不需要用力的。只要用幾乎不會碰到肌膚的輕柔觸碰，用手指滑過表面，這樣的感覺來卸

皮膚科醫師的
正確洗髮洗臉
方式

Chapter 1

妝就可以。

你是怎麼洗臉的呢？

最近，愈來愈多人會使用發泡網，將洗臉肥皂搓揉出軟綿泡泡，用泡泡來洗臉，這真是件令人高興的事。但是，是不是有人覺得有泡泡還不夠，又用那泡泡來搓揉著洗臉呢？

其實，發泡的肥皂只要接觸到肌膚，泡沫的吸附成分就會洗淨髒汙，根本不必用力搓揉。所以，只需使用軟綿細緻的肥皂泡沫輕輕接觸肌膚，用柔軟的泡沫來洗臉，就不會對肌膚造成傷害。

臉又要怎麼洗呢？

絕對不可以用強力的蓮蓬頭水柱直接沖到臉上。水柱的刺激會令肌膚產生皺紋。

水柱的溫度也必須要留意。

沾在盤子上的油汙，只要用約四十度的溫水快速地強力沖洗，就能清潔溜溜。同理，這也適用於皮膚表面。將皮膚重要的保溼成分、油脂全都沖洗掉後，就會變成乾燥肌。

洗臉時，若是用蓮蓬頭，請記得用微弱的水壓，以稍冷的溫度（二十～二十五度）來洗。

Lesson

注意洗頭髮的姿勢

你在洗頭髮的時候都是用什麼樣的姿勢呢？

有沒有注意不要讓洗髮精、潤絲精、護髮乳接觸到自己的臉呢？

應該有很多人，都是以「低頭臉朝下」的姿勢來洗頭，這麼一來，這些東西就會流到臉上了。

洗髮精中所含的強力洗淨成分，對人體最脆弱的臉部肌膚來說，刺激度太強了。即使只是碰到一點點，都會立刻破壞皮膚的構造，使皮膚本身含有的保溼成分全部流失。

如果以為只要接下來把臉洗乾淨就好，那可就大錯特錯了。洗髮精只要一沾上肌膚，就會有好一陣子洗不掉，而且還會一點一滴地破壞皮膚的構造。

所有洗髮精類都完全不能沾到臉。

剛開始採取不同的洗頭姿勢，或許會不太習慣，請你務必將頭往後仰或往側邊倒，換個姿勢洗頭吧。

因為這種姿勢必須要將手高高地向上舉起，兩手會變得很酸而忍不住想低下頭來，但你可以想著是在做「手部的肌肉訓練」就會變得比較愉快。

此外，沖頭髮的熱水也請不要淋到臉上。

頭往後仰，
不要沾到臉上！
檸檬酸

你是不是誤以為，標示有「對頭皮溫和不刺激」、「不含矽靈」、「胺基酸」、「嬰幼兒用」等廣告的洗髮精，就是對肌膚溫和的洗髮精了呢？

這是個錯誤迷思。

造成肌膚乾燥粗糙的原因，其中最常被忽略的就是留在手上的潤、護髮乳。很多女性洗完頭髮、洗完澡，都會用毛巾來包裹頭髮。那時候，手就會碰到殘留在頭髮上的護髮乳。

潤、護髮乳的強力化學成分，即便經過沖洗，還是會殘留在手上。洗完澡再用那雙手來擦基礎保養品，護髮乳的化學物質就會沾到臉上。

僅管在洗頭髮時努力地不讓半滴化學物質沾到臉上，但卻在擦基礎保養品的時候破功，這就是造成肌膚乾糙粗糙的原因。

最好的方式是用肥皂洗頭，完全不使用任何人工合成化學物質。

一定會有人想：「怎麼可能用肥皂來洗頭！」的確，若是用肥皂來洗頭髮，剛開始，頭髮會變得很粗糙。

特別是有染髮或燙髮而導致髮質受損的人，粗糙感會更為明顯，或許還會因而想放棄用肥皂洗髮。但是，若能努力持續下去，頭皮與頭髮就能恢復韌性，回到本來的健康狀態。

乾燥肌跟青春痘也一樣，能夠因改用肥皂洗髮而獲得改善。

為背上與胸口的青春痘而苦惱的人，究其原因，也幾乎都是因為將護髮乳沾到肌膚上所致，改用肥皂以後，許多人因此從長年的煩惱中獲得解放。

雖然市面上有販售液態的肥皂（液皂），但固態的肥皂刺激更低，能溫和洗淨。潤絲部分則可用在藥局就有販售的檸檬酸來代替。

Lesson

肥皂洗髮的訣竅

①洗髮前先用梳子將頭髮梳整齊。

②搓揉方式：用指腹輕輕搓揉頭皮，然後用蓮蓬頭仔細沖洗。

③將固態肥皂用手搓到起泡，再以指腹輕輕搓洗頭皮。留意要清洗的是頭皮而不是頭髮。

④若剛開始泡泡不多沒關係，可以迅速沖掉再洗一次。

⑤要徹底將肥皂泡泡沖洗乾淨。

⑥沖洗乾淨以後，將一茶匙左右的檸檬酸（顆粒）倒在手掌上分數次取用，均勻塗抹在全部頭髮上。檸檬酸會被沾附在頭髮上的水分溶解（用肥皂洗頭的頭髮會偏向鹼性而使毛鱗片張開，但是使用檸檬酸能讓頭髮變回一般

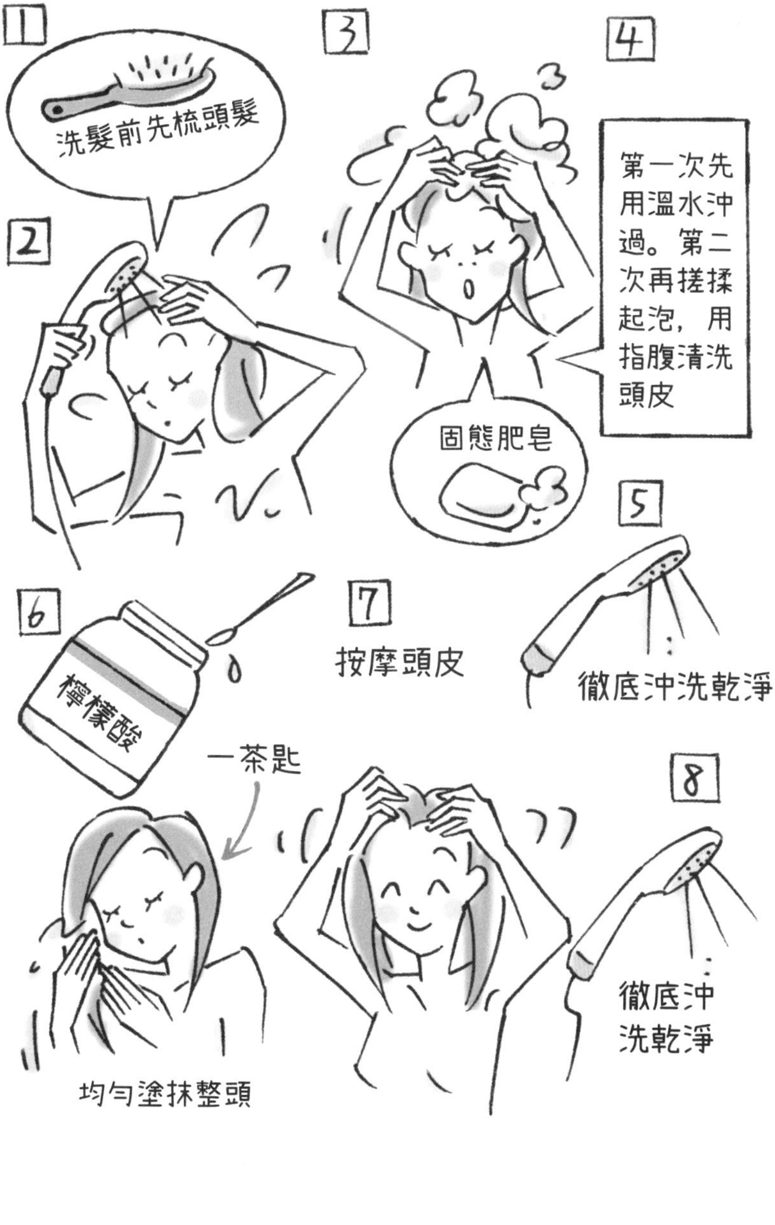
1
洗髮前先梳頭髮
2
3
4
第一次先用溫水沖過。第二次再搓揉起泡，用指腹清洗頭皮
固態肥皂
5
徹底沖洗乾淨
6
檸檬酸
一茶匙
均勻塗抹整頭
7
按摩頭皮
8
徹底沖洗乾淨

的弱酸性）。

⑦輕輕按摩頭皮。

⑧徹底沖洗乾淨。

不需要拚命用力搓頭，這樣洗會使毛鱗片受損，反而讓頭髮失去光澤亮麗。建議使用純皂，也就是無添加的肥皂。肥皂若添加發泡劑，就會過度起泡，反而無法將頭皮洗乾淨。

但是，雖然是不含添加物的肥皂，若ＰＨ值很高（鹼性強），也會對肌膚以及頭皮造成負擔。關於選擇肥皂的方式，之後我會再做詳盡的解說。

此外，使用檸檬酸時，若肌膚有傷口會有刺痛感，但並不會造成真正的傷害，所以請不要因為刺痛就喪失嘗試的勇氣。覺得刺痛很難過的人，可以用一個洗臉盆容量的溫水，加入兩茶匙的檸檬酸，溶解稀釋後再使用。

在開始用肥皂洗髮的頭一個月，或許你會很不習慣，覺得頭皮有黏黏的氣味。即便如此，也請忍耐，繼續用肥皂洗頭。

這是因為在你以前都一直在使用洗髮精這類有強烈洗淨力的產品，以致於讓保護頭皮的皮脂流失。為了補充流失的皮脂，皮脂腺反而變大，結果演變成皮脂過剩的惡性循環。

若是持續用肥皂洗髮，皮脂不會過度流失，自然也就不需要分泌更多皮脂，分泌的力量就會漸漸減弱，不論黏膩感還是氣味都會減少。

有很多人告訴我，從前使用洗髮精洗髮，一到傍晚，頭皮的皮脂味就會變得很強烈。但在開始改用肥皂洗髮一個月後，頭皮就變得沒什麼味道了。

這是因為皮脂的分泌被抑制住，毛孔不容易被堵塞，掉髮較多的人，頭髮逐漸再生，頭髮也能變得彈性又濃密。

此外，還有一種常見的案例，是患者因為頭皮發炎而被診斷為「脂漏性皮膚炎」，但那其實並不是真的脂漏性皮膚炎，而是洗髮精造成的。原因在於洗髮精中混有強力的洗淨成分，洗淨成分破壞頭皮上的菌種平衡，導致黴菌繁殖，而對頭皮造成直接的傷害。

開始改用肥皂洗頭髮，長久以來無法治癒的脂漏性皮膚炎等症狀，只需要幾個月就能獲得改善。

用肥皂洗髮，不論是對肌膚、頭皮還是頭髮，可說全部都有好處。

Lesson

肌膚美麗的人不搓臉

「用化妝棉搓掉不要的角質吧！」

我們會聽到販賣保養品的漂亮小姐或雜誌這麼說。

但請不要這樣做！

用化妝棉來搓掉角質是很荒謬的事。

沒有什麼「不要的角質」這種東西。

試著用顯微鏡觀察「拿化妝棉搓揉肌膚的人」的肌膚，就會發現他們的毛孔受傷、嚴重泛紅，因為用化妝棉摩擦的關係導致角質脆弱。角質有一個重要的作用，就是保持肌膚水分，防止異物入侵肌膚。角質一旦變脆弱，它保持水分的能力以及防止異物入侵的能力就會衰退。

因此，脆弱的角質，將會導致肌膚乾燥粗糙，甚至會讓肌膚變敏感，對花粉以及蜱蟎等都容易起反應。

此外，搓揉肌膚會活化色素細胞，容易形成黑斑。

角質健康才是能夠激發「肌膚力量」的關鍵。

因為肌膚經常再生，所以結束工作的角質自然就會成為汙垢而脫落，人為的去角質是多此一舉。

其實，「把一切都交給自然」，對美肌來說才是最好的。

Chapter 2

養成輕盈美肌，該使用哪些東西？

Lesson

卸妝油請選擇天然油脂

前面已經告訴大家養成輕盈美肌的清潔方法了。接下來要告訴大家的是「化妝品以及日常保養要使用哪些東西」。

首先就從卸妝油開始。

卸妝油可以直接使用藥局或超市販賣的油。

卸妝油的目的就是利用油脂讓油性化妝品溶解。

為了不破壞肌膚的構造，請不要使用混有任何多餘添加物的卸妝油。

卸妝油中含有各式各樣的成份。做菜時所使用的油脂幾乎都可以用在卸妝油裡。油，基本上是脂肪酸及甘油所組成。用什麼脂肪酸，又含有多少比例，決定了油的性質。我們就來用對肌膚能起到好作用的油吧。

以下是我推薦可以用來卸妝的油。

①橄欖油
②茶花油（山茶花油）
③胡麻油（芝麻油）
④荷荷芭油
⑤角鯊烷油（角鯊烯）

接著來看更詳細的說明。

①橄欖油

使用完後肌膚會很滋潤，所以推薦給乾燥肌膚的人。不過，用起來有點黏稠，或許剛開始會不太習慣。此外，構成橄欖油的脂肪酸主成分為「油酸」，有青春痘的人使用，會導致痘痘惡化，請注意。

橄欖油雖然不容易氧化，但若是氧化了，就會出現獨特的味道。

若將橄欖油當作卸妝油來使用，建議使用只榨取橄欖果實並過濾，完全不經化學處理的特級初榨橄欖油。特級初榨橄欖油有各種各樣不同產地的產品，請多方嘗試，找出喜歡的一款也是一種樂趣。

②茶花油（山茶花油）

油酸成份比橄欖油還多，使用起來有更強烈的黏膩感。跟橄欖油一樣會導致青春痘惡化，但很滋潤，適合超乾燥肌膚的人，所以我很推薦。又稱山茶花油、椿油。

③胡麻油（芝麻油）

胡麻有兩種，一種是將白芝麻炒過後榨出的琥珀色油，另一種則是不炒白芝麻，直接將生白芝麻榨出透明的「太白胡麻油」。若要作為卸妝油使用，建議可用沒什麼味道的太白胡麻油。在印度的阿育吠陀中，胡麻油也被當作按摩油來使用。胡麻油比橄欖油清爽，較適合肌膚為油性的人，或是容易長痘痘的人使用。

④荷荷芭油

雖然名字有油，但荷荷芭油其實是結合了脂肪酸與酒精的液態蠟。由於皮脂的成分也含有蠟，所以可以抑制皮脂過度分泌。不會過於黏膩，很乾爽。特徵是不易氧化，方便使用。缺點是品質較好的價格也較貴，若要大量用作卸妝油，荷包很失血。

⑤角鯊烷油（角鯊烯）

有從橄欖油中分離出的「橄欖角鯊烷油」，以及從深海鯊魚肝油中取出的「鯊魚角鯊烷油」兩種。延展力好，雖然乾爽卻有足夠的保溼力。特徵是不易氧化，近似人類的皮脂而少刺激，不容易造成過敏。不管你是乾燥肌還是痘痘肌，都可以使用，可說是萬能油。橄欖角鯊烷油很滋潤，鯊魚角鯊烷油很清爽，可以依照自己的喜好選擇使用。

Lesson

肥皂的選擇看這裡

洗臉時，請選用由天然油脂所做成的肥皂。既不會給肌膚帶來負擔，又能輕柔洗淨汙垢。

雖然市面上充斥著各種肥皂，但要選擇什麼樣的肥皂比較好呢？有一種肥皂，即便冠上肥皂之名，實際上卻是合成的洗潔劑。所以，若肥皂背後成分表上有著讓人看不懂的標示或英文，請先排除這類的產品吧。

有些標榜天然的肥皂品牌，同樣會在一般肥皂中摻入染色劑、香料、防腐劑、品質安定劑等化學物質。這些東西都會刺激肌膚，造成敏感或不適。所以最好還是選用不含人工添加物的肥皂。

但請注意，**就算是不含添加物的肥皂，也不全然都是對肌膚溫和的。**

不含添加物的肥皂製造方法，有「中和法」、「蒸煮法」和「冷製法」三種。

其中，「冷製法」(cold process)是將氫氧化鈉加入油脂中攪拌，不經過加熱的程序而讓兩者直接起反應，這樣製作出來的肥皂對肌膚非常溫和。因為沒有加熱，油脂不易氧化，反應成過程中會產生保溼成分甘油，留下未反應的油脂，因而能擁有恰到好處的洗淨力。

用冷製法製作的肥皂，要用什麼樣的油脂來做？要做出多少的皂化反應率（要留下多少未反應的油脂）？都可以由自己決定，親手製作。

若想要深入研究肥皂，可以去買「肥皂的製作方法」相關書籍，請試著自己動手做做看，或許能做出對肌膚非常溫和的肥皂。

就算不自己做肥皂，也能買到對肌膚溫和的肥皂。馬上來看看「不含添加物」

的肥皂要如何選購吧！

運用冷製法所製造的肥皂，對肌膚溫和，在所有成分中會標示有油脂名稱（橄欖油、棕櫚油等）以及氫氧化鈉；不過請注意，在成分中標示有「肥皂質地百分百」的肥皂，即便是純皂，不含任何添加物，也不一定代表對肌膚溫和。

雖然從外包裝無法得知是用什麼樣的製法，但還是有方法可以查知這款肥皂是否對肌膚溫和。

那就是「將想使用的肥皂發泡，然後檢查泡沫的ＰＨ值（酸鹼值）」。各位的學生時代，應該都曾經在學校理化實驗中做過，檢測是酸性還是鹼性的實驗。在生活用品中心或網路上都有在販賣「ＰＨ值檢測試紙」（ＰＨ試紙、石蕊試紙），買一些回來吧。

對肌膚溫和的肥皂ＰＨ值約在八～九左右。ＰＨ值只要在十以下就是合格。這個數值以上的ＰＨ值數字愈大（鹼性度愈高），洗淨力會過高，肌膚的保溼成分也將會被沖洗掉，因而導致肌膚乾燥。

我買了很多肥皂回來檢測PH值。即便是標榜對肌膚很好而引起熱烈討論的肥皂，也被我發現竟有很多的肥皂PH值都過高。

對於商人天花亂墜的廣告詞，千萬不可以照單全收，一定要親眼確認。

Lesson

「自製」化妝水

就像真正安全的飲食要靠自己做一樣，化妝品也是，真正對肌膚好的東西最好還是由自己來做。若是基礎保養品，自己就能簡單製作出來。

對化妝水而言一定要有的東西，基本來說就是要有水和甘油。

甘油可以浸透到肌膚深處，是擁有保溼力的無害物質。

只要將甘油融入水中，就能做出化妝水。肌膚是靠弱酸性來保持健康，加入少許檸檬酸使化妝水呈現弱酸性會更好。

雖然用肥皂洗臉會使肌膚傾向鹼性，但肌膚健康的人不必擔心，肌膚具有天然修護能力，能讓肌膚立刻變回弱酸性；但是肌膚構造被破壞的人，以及因為至今用的都是不好的保養品導致肌膚粗糙乾燥的人，要回復到弱酸性就得多花點時間。

如果你的肌膚已經受損，就需要在化妝水中加入檸檬酸。

以下就要來跟各位說說化妝水的實際製作方法。

○在網路或生活百貨商場購買一百毫升容量的玻璃瓶。

○在藥局或化工行購買甘油以及檸檬酸。

○將玻璃瓶煮沸消毒。

○將淨水器過濾的自來水裝入玻璃瓶中。

○將甘油以二分之一小匙～兩小匙的分量裝入（可試用再決定增減，適合自己肌膚的濃度）。

自製化妝水材料
玻璃瓶
甘油
檸檬酸
1
煮沸消毒
2
1/2～2小匙
甘油
檸檬酸
少量
淨水器
玻璃瓶
3
完成!!
搖動混合
蓋上蓋子

○加入少量（約〇・四～〇・七克）檸檬酸。

○蓋上蓋子，均勻搖動混和後就完成了。

製作化妝水非常簡單又輕鬆。

做好的化妝水請在一個禮拜內使用完畢。就算有剩下來，也請丟掉，做新的來替換。否則隨著經過的天數而有雜菌繁殖的化妝水，會成為造成肌膚問題的元兇。

自製化妝水的時候，許多人會選擇使用純水。市售的純水通常是以五百毫升的量在販賣。由於量很多，做完化妝水後剩下的純水一般人會想保存在冰箱中，下次再繼續使用。

可是開封過的純水在保存期間會有雜菌繁殖，所以無法使用在製作新的化妝水上。每次沒用完就倒掉很可惜，所以建議可使用淨水器過濾的自來水。使用淨水器過濾會比直接用自來水好，因為自來水中含有氯以及其他消毒物質，會造成肌膚負擔。請使用不會讓水變成電解水或酸性水的普通淨水器。

若覺得只有水、甘油以及檸檬酸，保溼力不夠，可以加入玻尿酸。玻尿酸是一種構成皮膚的物質。

玻尿酸的作用是停留在肌膚表面，防止水分蒸發。經證明，玻尿酸與甘油一起使用能提升保溼力。但是，各位也不用過於期待玻尿酸的功效，認為有加入玻尿酸的化妝水一定比較好，一定能讓肌膚變得光滑有彈性。

藥局沒有販售玻尿酸。但是可以在販賣手作化妝水的網站上買到。

Lesson

保溼要使用適合肌膚的油脂

擦完化妝水後，接下來就是保溼。一般人通常會用乳液或乳霜來保溼，但還有比這些更好的東西。

擦完自製化妝水，於手上跟臉上都還殘留有水分的狀態，這時抹上幾滴油，就能提升保溼力。至於塗抹的量，可照個人膚質決定，一滴～數滴皆可。

前面介紹了數款卸妝油，好的保溼用油也是使用一樣的油品。肌膚乾燥的人，可以使用橄欖油或茶花油。油性、痘痘肌的人可以用芝麻油、荷荷芭油。至於角鯊烷油，任何膚質的人都能毫無負擔地使用。

甜杏仁油、鱷梨油、澳洲堅果油、榛果油、玫瑰果油、月見草油、夏威夷果油、馬油等是比較特殊的油。在這些油品中雖含有對肌膚有效的保溼成分，但特徵是容易氧化，一旦開封，就必須盡早用完，而且所費不貲。

在卸妝油那段我已經說過，油是由脂肪酸以及甘油所組成的。是什麼脂肪酸，又含有多少比例，將會決定油的性質。

含有多量棕櫚油酸這類脂肪酸的油，有幫助皮膚再生的力量，澳洲堅果油、榛果油、馬油中含量較多。

含有多量亞麻酸的油，能抑制皮膚的炎症，在夏威夷果油、月見草油、玫瑰果油、馬油中含量較多。

油是從植物或動物身上抽取出來的，因個人體質不同，也有可能會引發過敏。請自己使用看看，選出適合自己肌膚的油吧。若實在不知該從哪款油下手，我推薦較不會引起過敏的角鯊烷油。

Lesson

自製保養品的使用法

在市售的保養品中，多使用較方便、實用的成分，而自製保養品中因為沒有這些成分，所以比起使用一般保養品，得花更多步驟保養。接下來，就讓我們來認識一下，總共有幾個步驟是絕對不可省略的吧。

①用適合自己肌膚的油輕柔卸妝。
②將不含保溼成分的幾張面紙敷在臉上，溫柔擦去臉上的油（有時候，含有保溼成分的面紙會含有對肌膚不好的東西）。

③將對肌膚溫和的無添加物肥皂搓出大量泡沫，輕柔洗臉。

④以感覺到稍微有點冷的溫水（二十～二十五度）來沖洗。

⑤以紙巾或面紙拭去水分。毛巾上會留有洗潔劑或柔軟精等對肌膚不好的成分，所以也有可能會造成肌膚乾燥粗糙。

⑥將自製化妝水在臉上輕拍，注意，不要塗厚厚的一層，而是要慢慢地在一個地方輕拍十秒左右，以像是用手把臉包住那種感覺來塗抹化妝水。這個時候，手心的溫度也會對肌膚有好處。

⑦把你精心挑選的保溼用油，大範圍地倒在還殘留有水滴的手心上。抹上油的每個地方都要數上十秒左右的時間，並且以像是手掌包住臉的感覺，讓油滲入肌膚，直到沒有水分為止。

1
oil
2
tissue
無添加肥皂
3
4
5
tissue
紙巾
6
溫柔包覆
數到十秒
化妝水
自製

食物
造就輕盈美肌

Chapter3

Lesson

對肌膚最重要的兩件事

肌膚是身體的一部分。你吃什麼樣的的食物，就會打造什麼樣的身體。擁有美麗肌膚的所有人都過著健康的飲食生活。肌膚狀況之所以不好，很可能飲食習慣就是根本的原因。

為了養成美肌，選擇食物的判斷基準大略有兩項。

①攝取酵素。

②改善腸內環境。

記住這兩項基準，努力改善飲食生活，你會發現，乾燥粗糙等惱人的肌膚問題，逐漸迎刃而解。

大部份的人都是隨心所欲地飲食，不會特別想到這兩項基準，結果就陷入了腸內環境惡化，酵素攝取不足的狀態。

美麗肌膚是與健康相連結的，即便是重視養生的人，若沒有留意到這兩個重要事項也絕不可能獲得健康。

想要讓肌膚變美麗的人還要記住一些關鍵字，那就是「氧化」、「糖化」、「Omega-3」（ω-3脂肪酸）。

Lesson

攝取酵素

人體約是由一百兆個細胞所構成，每一個細胞都會進行化學反應。在這些化學反應中，「酵素」是必備的要素。以蓋房子為例，若只有水泥與木材沒辦法蓋房子，還必須要有能組合這些建材的「建築工人」。而擔任建築工人的，就是體內的酵素。

酵素是人類生存所不可或缺的。

「消化酵素」也是酵素的一種。吃下去的食物會被消化酵素分解成小分子，然後在體內被吸收。

酵素雖然可以在人體製造，但我們一生所能製造出的酵素量有限。此外，在體內製造出的酵素，也會隨著年齡的增長而漸漸減少。

因為人體每天要消耗的酵素量是固定的，為了生存下去，必要時才會使用酵素，在不重要時，酵素就不會起作用。比如，黑色的頭髮與維持生命沒有關聯，所以身體不會為了製造髮色而使用酵素。這就是黑髮會變成白頭髮的原因。若能補充酵素且不浪費，就能夠擁有烏黑的秀髮。

一旦酵素製造達到界限，生命也將終止。**該如何不浪費酵素地生活，就是能健康、美麗又長壽的秘訣。**

在不浪費酵素的同時，從食物中補充酵素也是很重要的。不論是植物還動物，只要是有生命的物體，其中都存在有酵素。但是，酵素很怕熱，一旦加熱就會流失。所以想要有效補充酵素，請「生吃」。

有很多注意健康的人在吃蔬菜時會傾向用燙的、蒸的、煮湯的方式來食用，但這樣不夠。必須要食用生的蔬菜。

肉也是，不要吃全熟而是要吃半熟的。吃生魚片或生肉片，比吃烤魚更好。吃東西的時候，就以加熱的熟食與沒加熱的生食「比例各半」為目標吧。

水果含有大量的酵素。只要每天都注意攝取水果，就能不浪費到體內的酵素。

舉例來說，蘿蔔泥中所含有的酵素，有助於消化和它一起食用的魚肉，這一點算是廣為人知。

此外，將肉類浸在蘋果泥中，肉會變軟，也是因為蘋果酵素的力量。

在吃飯時，要先吃含有豐富酵素的生蔬菜及水果，之後再吃其他東西，這樣才

嘿呦
酵素
酵素
嘿呦
海苔

能幫助消化。但請千萬要注意，不要將水果當成飯後甜點。

Lesson

整頓腸內環境

雖然腸子並不像心臟或大腦那樣是維持生命、如明星般的存在，但卻也擔負著非常重要的任務。腸子是負責消化、吸收的臟器。我們所吃進去的食物會被消化酵素分解，然後由腸道吸收營養。若是腸道不健康，就無法正常攝取營養，身體與肌膚也會變得不健康。

那麼腸道健康的狀態究竟是怎樣的狀態呢？

在腸道中住著一千兆個腸內細菌。這些細菌可以分類為雙歧桿菌以及乳酸菌等「益菌」、產氣莢膜芽胞梭菌以及大腸桿菌等「壞菌」，以及會見風轉舵、可能發展為上述兩者其中之一的「伺機性病原菌」。健康腸道內的細菌比是，益菌3：壞菌1：伺機性病原菌6。這些腸道細菌會輔助人類的消化活動，還肩負排除病原菌、分解並排出致癌物、合成維生素、活化免疫力等工作。

腸道細菌的比例若出現混亂，壞菌過多，這些活動就會變得遲緩，也無法進行正常的營養吸收。有許多為肌膚乾燥而困擾的人，都是因為腸道內的壞菌比例較高的緣故。

Lesson

腸內環境惡化會導致肌膚問題

若是隨便浪費、濫用酵素，就會損耗維持生命所必需的酵素，導致連皮膚的代謝都變得無法進行。酵素不足正是造成肌膚粗糙乾燥的最大原因。

讓我們來看一下浪費酵素、使腸道內壞菌增加的飲食習慣吧。為肌膚粗糙乾燥所苦的你是否也有被說中的部分呢？

①吃太快

吃太快、囫圇吞棗的飲食方式，會消耗大量的消化酵素。細嚼慢嚥，用牙齒細碎分解口中大塊的食物，之後的消化就能順暢進行。每吃一口食物，就放下筷子，最少要嚼個三十次再吞咽，養成細嚼慢嚥的飲食習慣吧。

②吃太多

若是吃得太多，消化酵素會來不及進行作用。沒有消化完全的食物會在腸內腐敗並增生壞菌。請切記，吃東西不可以吃到有「吃得好撐喔！」這種感覺。吃到八分飽就停下來最剛好。

③反式脂肪

這種惡質油已經被確認會增加罹患心肌梗塞以及狹心症的風險，也被確定會增加罹患過敏性疾病。不論經過多久都不會氧化，也不會產生黴菌，是不會腐敗的油。

反式脂肪若被攝取入體內，會大量消耗體內的酵素，而且無法代謝，會囤積在體內產生不好的影響。像是人造奶油、起酥油、抹醬以及用這些做為原料的麵包、蛋糕、甜甜圈等西式甜點多會使用到反式脂肪。

很久以前，將人造奶油（乳瑪琳）塗在吐司當早餐吃，認為比動物性油脂的奶油來得健康，但這根本大錯特錯。請看一下人造奶油盒子上的成分標示，日文有「食用精製加工油脂」的標示，就是反式脂肪。我以前最喜歡塗滿人造奶油的吐司了，曾有一段時期每天都吃。那時候，我肌膚乾燥粗糙的問題很嚴重……。

還有一個常被人忽略的地方——使用在很多速食油炸物上的油脂即是反式脂肪。店家為了做出不論經過多久都不會氧化、就算過了很久依舊吃起來美味的炸薯條以及炸雞，就會使用這種劣質油。

在美國，禁用反式脂肪的州漸漸增加，最終，美國全境都禁用。在全世界，反式脂肪的害處被廣泛討論，日本各企業雖也表明要努力減少使用反式脂肪，但日本政府並沒有訂出明確規則，而是處於放任狀態。

那個又酥又脆的薯條全都是反式脂肪。以前會覺得那很美味而去吃它，但現在卻一點都不想把它放入嘴裡。無知還真是恐怖。

④食品添加物以及農藥

食品添加物或農藥一旦進入人體，就會被當作是身體不要的廢物，在肝臟進行解毒、分解，這個過程會消耗大量的酵素。而且有很多食品添加物是無法被分解的，就這樣囤積在體內。若想進行再分解，肝臟就要努力工作，而這個過程也會產生大量對身體有害的自由基。

超商便當、速食、泡麵都大量使用到食品添加物。像是使用在「零卡路里」飲料中的人工甜味劑「阿斯巴甜」與「乙醯磺胺酸鉀」，讓火腿等看起來顏色漂亮的發色劑「亞硝酸鈉」，讓人覺得吃起來好吃的化學調味料等，我們的飲食生活中充滿了各種食品添加物。

為了不要在不知不覺中吃下大量的食品添加物，必須小心飲食。

即使價格較高，但吃些無農藥、少農藥的蔬菜或稻米，對身體、肌膚都有好處。

⑤飲酒過量

酒精進入體內，醇脫氫酶就會開始作用，將酒精分解成乙醛和氫。之後，乙醛脫氫酶會開始作用，將乙醛更進一步分解成無害的乙酸和氫。

乙醛有很強的毒性，會導致頭痛或嘔吐。攝取量過多，乙醛無法順利被分解，就會出現令人感到痛苦的宿醉症狀。為了分解酒精，需要使用大量的酵素，但若是酵素量不足，毒性強烈的乙醛就會暫時殘留在人體中，並攻擊體內細胞，也就是之前提到的宿醉症狀，同時會產生自由基而導致身體與肌膚都變得乾巴巴。想要回復正常，必須有酵素努力作用，整個過程等同於無謂地浪費大量的酵素。

我曾有過好幾次宿醉的經驗。年輕時候即便稍微喝多了而導致宿醉，但因為酵素的作用力強大，睡一覺，隔天中午就能恢復，可是有了些年紀，一旦喝多了，身體狀況要回復過來，通常都很慢。

自從知道體內酵素的生成是有限度的，我就發誓「再也不飲酒過量了！」

⑥攝取過量動物性蛋白質

肉類與魚類等的蛋白質是人體不可或缺的重要營養素。但是，若攝取過多，消化酵素將無法將它們分解，就會引起消化不良，使吃下肚的食物滯留在大腸中。

滯留在大腸中的食物會成為壞菌的食糧，使壞菌增加，破壞腸內平衡。此外，在腸內滯留的食物會腐敗，製造出對人體有害的「氮殘留物」。從這個氮殘留物中會產生致癌的有害物質，並且被腸道吸收，溶入血液中。藉由血液被搬運到身體各處後，就會產生各式各樣的疾病以及乾燥粗糙的肌膚。若你排便或放屁很臭，代表食物停留在腸道中太久，已經腐敗了。

⑦晚上睡覺前飲食

睡覺時，消化酵素也會休息。若在睡前吃東西，因為消化酵素的活動減弱，身體無法確實消化掉吃的東西，因而在腸道內產生腐敗。最晚至少在睡前三小時前都不要吃進任何的固態食物。請注意，若你早上起床會覺得腹部有膨脹感，那就是肌膚乾燥粗糙的原因。

⑧砂糖攝取過量

砂糖是壞菌最喜歡的東西。喜歡甜食的人，腸道中壞菌會增加，無法吸收正常的營養。砂糖不只對腸道，對身體各處都有害。

攝取砂糖會消耗掉體內的酵素。砂糖是容易被人體吸收的糖分，因而會促進體內的糖化（在69頁會說明），產生自由基，成為斑點或皺紋出現的原因。

在吃甜食之前，稍微想一下其中的壞處吧。若完全不吃甜食會有困難，就將現在每天甜食的分量改成三天吃一次，或是自己動手做，用蜂蜜或楓糖取代砂糖，也是一個好方法。

我家並沒有砂糖。作菜時也不會使用砂糖。我會用蜂蜜、楓糖、羅漢果顆粒來代替砂糖作甜點，一樣可以享受甜食。

順帶一提，稍微帶點棕色的三溫糖（譯註：三溫糖，黃砂糖的一種，為日本的特產，是以製造白糖後的糖液所製成。帶有濃烈的甜味），比白糖含有更多的礦物質，會讓人以為對身體比較好，但那其實是誤會。在精製的過程中，三溫糖加熱的次數比製造白糖多，焦糖的成分就會形成棕色。焦糖在後面會講到，是一種糖化物質，可以說是對身體更不好的物質。

注意蔬菜、水果過敏

蔬菜與水果是能將酵素吃進體內，又能增加腸道益菌的一種極佳食物。但是，一定要注意一件事。

對特定的蔬菜或水果會產生過敏的人，要避免攝取。

吃到某種蔬菜或水果嘴巴會腫起來，或是會感到呼吸困難等，出現強烈過敏反應，這樣的人請一定要避開，此外若吃進口中後會感到有刺痛感、莫名就是覺得嘴巴裡頭怪怪的……這種情況通常也是過敏症狀。

我希望大家最好要知道，花粉症跟蔬菜、水果的過敏是有關的。若有杉樹、扁柏花粉症，也很容易會對番茄產生過敏。

左頁列出可能相關於過敏的疏菜和水果，請各位做為參考。

除了蔬菜和水果，其他食物若是吃了之後發現會讓身體不舒服，就要考慮到自己或許是對這些食物產生過敏，所以建議要避免攝取。

Lesson

麵粉對腸道不好？

近年來，「麩質不耐症」這種病正備受關注。麩質就是指在麵粉或黑麥、大麥中所含有的蛋白質。

容易導致過敏的植物與相關的蔬菜、水果

杉樹、扁柏	番茄
白樺	薔薇科（蘋果、桃子、櫻桃、梨子、草莓、梅子等）、奇異果、胡蘿蔔、芹菜、胡桃
豬草	西瓜、哈密瓜、小黃瓜、香蕉
鴨茅（果園草）	哈密瓜、柳橙、番茄、香蕉、芹菜、馬鈴薯
艾草	蘋果、奇異果、胡蘿蔔、芹菜

所謂的小麥過敏，指的是在食用小麥後，會立刻發生免疫作用，導致身體出現異常，但麩質不耐症的情況卻是在食用後經過一段時間，身體才會出現異常。麵包、烏龍麵、義大利麵、拉麵等所含有的麩質引起腸道發炎而產生疾病。

十人中就有一人有這病，有許多事例都證實，不明原因的身體不適或肌膚粗糙乾燥，原因都出在麩質不耐症。

腹部脹氣、重複著便祕與腹瀉、吃完含有麵粉的食物後會感到疲憊……，若是出現這些徵兆，就要懷疑是否罹患麩質不耐症。但是，幾乎很少人會去注意到這些症狀。

在美國，即便沒有麩質不耐症的人也深刻的認識到，長年以來，麵粉都有在進行基因改造，是不能攝取的食物，因此在市面有許多不含麩質的食品。

若你不論做什麼都治不好肌膚乾燥粗糙，請試著懷疑一下自己是否有麩質不耐症吧。請試著進行以下的實驗：約一個禮拜完全不攝取麵包或義大利麵等用麵粉做成的食品。

在各式各樣的食品中都有使用到麵粉，所以這會是一個很辛苦的作業。例如在漢堡中就有使用到麵包粉，奶黃以及奶油炒麵糊中也有使用到麵粉。啤酒也不行喝。在吃之前，請先想清楚這些食品中是否的確有使用麵粉等相關成份再吃。

如果一個禮拜沒有食用麵粉，肌膚乾燥粗糙問題就能獲得改善，表示造成你肌膚問題的原因很可能是麩質。

從今以後，請過著沒有麩質的生活吧。

Lesson

健康的腸道可以從糞便判斷

腸子可以分解、吸收食物，還肩負著一項重要任務——不讓和食物一起被吃進體內的有害物質與病原菌侵入人體。在腸道中，有著重要的免疫機能。腸道若健康，免疫機能能夠強力運作，不容易感冒或生病。

讓我們多吃點食物纖維來增加好菌吧！納豆、泡菜或醃漬物等植物性發酵食品能增加好菌。

優格是動物性的發酵食品，也被認為能增加好菌。但是，**最近有很多研究者都發表了優格對腸道有害的見解。**

依我自己的實驗來看，也導出了優格會造成腸內環境惡化的結論，所以會主動避免食用。

腸內環境是否健康？腸道是否健康？可以透過糞便來判斷。

健康腸道所產生出來的糞便是黃色，會浮在水面上，份量約是一條香蕉的量。這是由食物纖維以及好菌所製造出來、不帶惡臭的健康糞便。

你放的屁或是大便很臭嗎？若很臭，表示腸內惡菌多造成了腐敗，有害物質充斥體內而導致了肌膚乾燥粗糙。此外，經常感冒的人表示腸內環境也不好。若能改善腸道環境，令人驚訝地，竟變得不容易罹患感冒了。

Lesson

氧化會促進老化

幾乎沒有人會對「氧化」這詞彙抱有好感。只要我們活著，就不可缺少氧氣。但是，氧氣對身體來說也會成為有害物質。

切開的蘋果碰到空氣就會氧化，變色為咖啡色。類似於金屬生鏽，是蘋果中所含有的物質與氧氣結合所產生的現象。

人類的身體也有類似「生鏽」的現象。

氧氣本來就是不安定的分子，進入人體內，有些許百分比會成為對人體細胞有害的自由基。本來，自由基會保護我們的身體不受入侵體內的病毒、細菌所害，但若自由基增加太多，甚至會攻擊健康的細胞，結果就會造成身體「生鏽」。

自由基之所以會增加，可以列舉出紫外線、抽菸、壓力、運動過度、飲酒過量、食品添加物、農藥……等原因。即便盡可能避開這些生活，也無法百分之百抑制體內產生自由基。

因此，多攝取能避免受到自由基傷害、保護身體的「抗氧化物質」，就能防止身體生鏽，有效美麗肌膚。

抗氧化物質可以分成維生素類、植物為了保護自己免受紫外線或蟲害而產生的物質（多酚〔黃酮類化合物、非黃酮類〕）、類胡蘿蔔素。請參考左頁的表格，確認究竟有哪些食物含有抗氧化物質。

讓我們以均衡攝取抗氧化物質，不讓身體生鏽，美麗肌膚為目標吧！

此外，現今備受注目的「氫水」，也有著能去除在體內生成的自由基的功效。

在自由基中，對人體細胞有很強攻擊性的「氫氧自由基」會和氫結合而被消

抗氧化的主要物質以及含有這些物質的食品

維生素	維生素E	南瓜、菠菜、扁桃
	維生素C	綠花椰菜、小松菜、柑橘類
	β-胡蘿蔔素	黃綠色蔬菜
黃酮類化合物	花色素苷	紅酒、藍莓、黑豆
	大豆異黃酮	大豆（納豆、豆腐）
	兒茶素	蘋果、綠茶
	槲皮素	洋蔥、萵苣、綠花椰菜
	蘆丁	蕎麥
非黃酮類	綠原酸	咖啡、茄子
	鞣花酸	草莓、樹莓、石榴
	芝麻素	芝麻
	薑黃素	薑黃、咖哩粉、薑
類胡蘿蔔素	番茄紅素	番茄、西瓜
	葉黃素	波菜、玉米、綠花椰菜
	辣椒素	紅椒、紅辣椒
	藻褐素	海草類

資料來源：日本營養士會網頁

滅。藉由喝下溶有大量氫的水，有助於將體內所產生的強力自由基無毒化。

除去自由基，對肌膚與身體都有許多好處。

○肌膚老化速度變慢，不容易產生皺紋、斑點。

○能還原血管內膽固醇以及中性脂肪經酸化後而形成的過氧化物質，因此能改善血液循環，預防腦中風與心肌梗塞。

○血液循環若變好，就能活化構成肌膚組織的膠原蛋白，恢復緊緻肌膚。

○代謝變好，變成不容易發胖的體質。

○能夠排出積累在腸道的老舊廢物，改善腸內環境。

氫水沒有副作用，對肌膚與身體好處多多。

順帶一提，在超商中販賣許多種類的氫水。因為氫分子非常小，若是裝在寶特瓶中，氫會溢出跑掉，喝的時候幾乎沒喝進氫。若是裝在鋁箔袋中，氫就比較不容易跑出來。

最近日本有各式各樣的廠商推出了氫水生水機。我是用類似於試管的東西，產生出氫氣來，然後將之溶入水中飲用。經嘗試過各種各樣的試驗，我發現自製的氫水濃度才是最高的。

溶入氫氣的水濃度可以利用「溶解氫濃度檢驗試藥」來確認，請用自己的眼睛確認，確實選擇含氫的氫水吧。

Lesson

糖化會增加皺紋與鬆弛

什麼是「糖化」？

這指的是體內的蛋白質與飲食所攝取的「糖分」結合，導致蛋白質劣化。

一旦糖化，膠原蛋白的纖維彈力就會降低，肌膚會失去緊緻，產生皺紋與鬆弛，肌膚就會加速老化。不只是皮膚，糖化也會對全身體產生作用，例如會成為糖尿病、動脈硬化、白內障、因大腦老化所引起的阿茲海默症等恐怖疾病的根源。

將碳水化合物在體內分解成糖分，並將分解的糖分作為能量，我們是這樣生存的，所以要避免糖化。**即便只有一點點，為了不讓糖化進行，必須注意不要讓血糖值突然上升。**

血糖值的上升速度可以從食品的GI值判斷。所謂的GI值，代表糖被身體吸收的快慢數值，數值愈高的就是愈容易被吸收的食品。砂糖是GI值很高的食物，會讓血糖值迅速上升，促進身體的糖化。

像是米或麥類等，則比較推薦吃沒有脫去穀皮的糙米以及全麥麵粉。這些食物的食物纖維豐富，GI值比較低。打造健康飲食不只要注意熱量，更要注意GI值。

食用的順序也會影響到血糖值的上升。先吃含有食物纖維、能緩和糖分吸收的蔬菜、水果以及海草類，再吃含有糖分的食物（米、麵包、義大利麵）。水果多被誤認為含有多量糖分而容易使血糖值上升，但部份水果其實含有優良的果糖以及豐富的食物纖維，所以GI值是偏低的。

仔細咀嚼再吞食，能預防血糖值快速上升。此外，吃八分飽即可，不要吃太飽也是很重要的。

有件事大家比較不知道，**那就是「避免攝取已經糖化的食物」**。例如看起來很好吃的燒焦色，其實是食物中所含的蛋白質與糖分經加熱後被糖化的顏色。鬆餅的燒焦色、豬排麵衣的顏色、洋芋片那看起來美味的顏色、三溫糖的棕色，這些都是糖化的顏色。

糖化食品進入體內，無法被完全分解，殘留的糖化物質會被腸道吸收，擴散到全身，會引起對皮膚起作用的膠原蛋白改變性質。

料理食物的方法中，最好的攝取酵素方法，是以先前提過的「不要加熱，要生食」。其次是不會出現燒焦的「蒸」、「燙」、「燉煮」。請意識到「燒烤」、

「炒」、「炸」等料理法會將糖化物質吸收進體內。為了不發生糖化，建議可以喝有「抗糖化作用」的德國洋甘菊茶、甜茶、魚腥草茶、芭樂茶，並多多食用生薑。

Lesson

利用 omega-3 讓體內細胞變健康

所謂的「omega-3」（ω-3脂肪酸）是不飽和脂肪酸的一種，是人類細胞正常運作時所不可或缺的物質。這類物質因為無法在人體內製成，在現代社會中又缺少攝取到 omega-3 的機會，所以激增了不少過敏以及生活習慣病等患者。

若能每天都攝取 omega-3，血管年齡就會變年輕，皮膚也不易老化。omega-3有「DHA（二十二碳六烯酸）」「EPA（二十碳五烯酸）」「DPA（二十二碳五烯酸）」，大多存在於沙丁魚、鯖魚、秋刀魚、竹筴魚等青魚中，亞麻仁油、荏胡麻油中也含有。請多量攝取這些食物，以常保年輕的細胞吧。

自從我養成習慣，在吃飯前會吃加上大量亞麻仁油的生蔬菜，發生了一件令人驚喜的變化：健康檢查時，我的血管年齡回復到二十多歲（我真正的年齡可是比這數值還要多個二十歲以上）。

Lesson

三日輕斷食，打造驚人美肌

要由內而外打造輕盈美肌，就得要整備腸內環境以及攝取大量的酵素，換句話說，要減少在腸道中對肌膚有害的壞菌，增加對肌膚有益的益菌。

有一個方法非常有效，那就是「輕斷食」，用這個方法，可以完全地避免吃進會成為壞菌養料的東西。

雖說是斷食，但也不是完全不吃東西，而是只吃大量能成為益菌養料的食物以及酵素。

平時的飲食行為本身會消耗大量的酵素。

進行輕斷食，過程中，可以減少消耗體內本身的酵素，再加上一直在補充新的酵素到身體裡，所以酵素就能存積下來。雖然對維持生命沒有直接關係，但在肌膚代謝上卻有充足的酵素能發揮作用，如此就能美麗肌膚。

在三日內，過著只吃生蔬菜與水果的生活就好。請不要加上大量的美乃滋或是沙拉醬等添加物在生蔬菜上，而是加上亞麻仁油或是橄欖油來食用。此外，也可以吃能增加好菌的納豆。淋在納豆上的醬汁含有添加物，所以請用一般的醬油調味。

三日間的輕斷食並沒有那麼痛苦。因為可以從水果吸收到果糖，不會發生在一般斷食期間因糖分不足所導致的頭痛、暈眩以及倦怠感。

如果怎樣都想吃東西的時候，可吃蔬菜味噌湯。不過，不可以使用速食包的味噌湯。請花點時間親自下廚，用昆布及柴魚熬煮湯頭。味噌要使用無添加物的，調味時不可以加入砂糖。

在進行輕斷食的時候，要大量飲用優質水。如果想喝其他東西，請避免喝非酒精性飲料或碳酸飲料。此外，市售的蔬菜汁以及百分百果汁因為加熱過，所以無法替代生蔬菜及水果。嘴饞的話可以喝自己親手榨的果汁。

進行三天的輕斷食，腸內環境會有極大的改善。累積的酵素會被用在皮膚代謝上，使肌膚變得令人驚艷的美麗。只要確實了解輕斷食的目的並實行，或許在結束輕斷食後，自己也會注意避免會增加壞菌的生活。因為，在這三天內肌膚真的會變美，再也不會想變回從前那種肌膚乾燥粗糙的狀態了。

如果你沒有自信能做到三天輕斷食，就先嘗試看看一天的輕斷食吧。即便只有一天也能感受到效果。雖然在一天內，腸內環境無法有劇烈的改變，但只要有一點點美肌的效果，就能想著「好！來進行三天的輕斷食吧！」而打開心靈的開關。

結束輕斷食以後，為了能保持擁有較多好菌的腸內環境，以及讓酵素作用在皮膚上，我推薦你早餐只吃生菜與水果。中餐以及晚餐時，請實行在餐前吃生菜與水果這件事。而且要細嚼慢嚥，吃到八分飽就放下筷子吧。

關於早餐，我們都會因想著「若沒有好好吃早餐，就無法好好學習」而被迫進食。最近大家已經知道這樣的想法是錯誤的。早上是排泄的時間，不是進食的時間。突然將食物塞入在睡眠期間也停止活動的腸內，反而會引起消化不良，導致壞菌增加。

早餐要吃得較少。只吃生菜與水果才是比較合理的。水果的果糖就足夠供給活動的能量。

Lesson

美肌飲食生活，對減肥也很有效

早在研究美肌之前我就有在研究減肥。從國中二年級開始，我嘗試過各種各樣的減肥法，也經歷過許多失敗。我進行過兩個禮拜的「只吃鳳梨減肥法」，結果弄得口腔內一堆口內炎；也試過在一個月內只喝水的斷食減肥，結果雖然瘦了十公斤，卻又立刻復胖，胖回了十二公斤等……。

從以前到現在的三十年間，我長期持續進行又有效的，是限制糖類減肥法。方法是不吃飯以及麵包等碳水化合物，肉或其他食物則沒有限制，可以正常吃。水果也含有多量的糖分，所以我即使吃也只吃少量。雖然我身體的脂肪有所減少，但肌膚的狀況卻是馬馬虎虎。即便不到肌膚粗糙乾燥的地步，但卻總覺得肌膚有些暗沉。後來我才明白，那是因為腸內環境惡劣的緣故。

我了解酵素以及腸內環境對美肌來說很重要，之後，就就稍微改變一下實行至今的糖類限制法。肉只吃少量，水果若是在飯前吃，吃多少都沒關係。至於米飯的食用量，則是吃不會造成血糖值上升太多的分量。雖然稍微會擔心是否會變胖，但比起至今所實行過的糖類限制減肥法，我卻變得更瘦了，而且肌膚也變得光彩明亮，身體狀況非常好，早上起床時也變得清爽許多。

〈美肌飲食生活重點〉

○早上只吃生菜與水果。

○中午、晚上先吃大量的生菜與水果。肉類與乳製品只吃少量，細嚼慢嚥、均衡飲食，吃到八分飽就停止。

○生食與熟食比為五：五。

○睡覺前三個小時，什麼都不要吃。

○不要攝取砂糖。若真的無論如何都想吃甜食，就吃自己做的，並且使用自然甘味料——羅漢果顆粒、蜂蜜、楓糖來代替砂糖。做菜時也不要使用砂糖。

○不要吃速食、超商便當、泡麵以及垃圾食物。

○不要攝取反式脂肪。

○不要喝市售的果汁。大量飲用優質水（多喝氫水）。

○偶爾進行為期三天只吃生菜與水果的輕斷食。

確實做到這些，就能獲得至今為止最美麗的肌膚以及最纖細的體型。

Lesson

睡眠是美肌的必要條件

擁有輕盈美肌的方法，我已經詳細解釋關於飲食那部分。而擁有優質的睡眠對肌膚來說也跟營養同等重要。

有很多人應該都有過這種經驗：睡眠不足的隔天，肌膚狀況變得很差。

此外，明明感冒了身體狀況很差，但在大睡一覺後，肌膚卻變得比平常更好，這也是因為身體依靠長時間的睡眠，使受損傷的肌膚獲得修復。

特別是在開始睡著後約三小時之內，生長激素的分泌很旺盛，膠原蛋白的生成就會很活躍。受到化妝品、暴飲暴食、紫外線等傷害的皮膚，都能託生長激素的福再生。但是，皮膚的再生需要花費六個小時，**若睡眠時間過短，會無法順利進行肌**

膚的修復。

各位有聽過「睡眠的黃金時間」這句話嗎？從晚上的十點到深夜兩點，最好能進入熟睡狀態，因為這段時間同樣是「肌膚的黃金時間」。。

在這段時間睡覺，生長激素就會旺盛分泌而維持美肌。但是在現代生活中，我們很難在這段時間就寢。我認為，各位可以配合一下自己的生活來決定就寢時間，雖然不一定有長時間的睡眠，也要有優質而充分的睡眠。

那麼，又該怎麼獲得優質的睡眠呢？關於這點，「整備好睡眠環境」尤為重要。以下就簡單列舉幾項整備環境的訣竅。

○酒精會活化腦部，所以不要喝睡前酒。

○睡前三小時不要吃任何東西。

○節制攝取咖啡因。

○睡前泡澡的溫度設定在四十度以下。

不行
睡前三小時
不行
節制
照明調暗

○在睡前一小時調暗照明（促進睡眠的褪黑激素在黑暗中會增加分泌量，明亮的光線會妨礙褪黑激素的分泌）。
○睡在適合自己的寢具上。枕頭的高度、床鋪的軟硬是否舒適？內衣是否有束太緊？
○睡前做些輕鬆的伸展或瑜珈。

Lesson

運動打造美肌

你喜歡活動身體嗎？
運動可以打造美肌。有在運動的女性肌膚擁有較多的膠原蛋白、較緊緻，這點已經獲得證明。
健走、有氧健身操、游泳、慢跑等有氧運動能提高心肺能力。若血液循環變好，能更有效搬運氧氣以及營養素，就能提高皮膚細胞的再生與修復能力。定期性的流汗能排出有害物質，汗液所含有的保溼成分也能滋潤肌膚。

伸展能提高身體的柔軟性。身體變柔軟，血液循環就會變好，荷爾蒙也能獲得平衡而接近美肌。

做運動能讓生長激素分泌。**生長激素分泌，就會生成膠原蛋白，進行皮膚的修護，因此可保持年輕的肌膚。**

討厭運動的人，可以多走路。但當然不是慢吞吞地走，而是要端正姿勢快步走。從今天開始，提早一站下車多走一個站牌的距離、不要搭電梯而是走樓梯等，從一些小地方鍛鍊自己，這樣就能接近美肌。

在運動時，有件事一定要注意。若運動過頭，將會產生自由基，而那正是老化的原因。運動後會讓人累到動彈不得的馬拉松或高強度的重量訓練，對美肌來說反而會造成負面影響。運動後可以擁有清爽感的輕微運動，對打造美肌才是最好的。

我現在最關注的就是加壓訓練。所謂的加壓訓練，就是在手腕以及股關節處用特殊的帶子纏繞起來，阻礙血液流動而進行的肌力訓練。在專業教練指導下，只要約三十分鐘的訓練，就會比平常多分泌二九〇倍的生長激素。另外，除了運動過程，在進行加壓訓練後的幾天內，生長激素仍會持續分泌。

除了美肌，肌力也提升了，基礎代謝率跟著提高，燃燒脂肪，能夠擁有不易發胖的體質。

開始進行加壓訓練時，我對一件事感到很驚訝，那就是指導我的教練他那美麗的肌膚！雖然是中年男性，卻擁有光滑亮澤的肌膚。我以這位教練的肌膚為目標，每個禮拜都去進行一次加壓訓練。

Lesson

不花錢就能淡化斑點的方法

對女性來說，臉上的斑點看起來會顯老，是最大的煩惱。雖然一言以蔽之都稱為斑點，但這些斑點的形成原因其實有很多。像是有因肌膚老化現象所引起的、因紫外線所造成的、受傷或青春痘所留下的雀斑、肝斑等。

去醫美皮膚科看診，使用有美白效果的藥，或是雷射除斑都能淡化斑點。但因斑點的大小以及範圍不同，那會花掉不少錢。

有一種方法可以不用花錢就能淡化斑點，那就是「不要刺激肌膚」。

「什麼？那樣應該不可能消除斑點吧？」會這麼想的人請實際去做做看。肌膚將會除去暗沉變得透明，斑點也會漸漸變淡。

對皮膚施加刺激，為了保護肌膚免受刺激的傷害，色素細胞就會活動而分泌黑色素，進而造成暗沉與斑點。各種不同種類的斑點，**都是因為肌膚受到刺激而使顏色變得更深，若停止刺激就會淡化。**

請想一下你平時在做的肌膚保養。在卸妝和洗臉的時候，有沒有用力搓揉呢？在塗抹化妝水的時候，有沒有用化妝棉擦拭、啪啪啪地拍打呢？在塗乳液或面霜時有沒有按揉摩擦呢？

我很喜歡去泡溫泉，或是上健身房，所以常有機會看到其他人的肌膚保養。有99．9％的人他們的保養方式其實都會帶給肌膚不好的刺激。在一千人之中的九九九人，都是因為做了錯誤的肌膚保養才出現斑點並使之加深。

身為醫美皮膚科醫生，我也會替患者進行雷射除斑等手術，但預防勝於治療，我傾注最多心力的，還是在教導患者們正確的肌膚保養法。

不論花多昂貴的治療費，若沒有學會不帶給肌膚刺激的正確肌膚保養法，患者的斑點很快就會捲土重來。

此外，我也有很多患者是沒有進行雷射等治療，只有接受肌膚保養教學。因為對這些患者來說，不刺激肌膚就是唯一最好的除斑治療方式。

至今為止，你是不是在無意識中，已經進行了幾十年刺激肌膚的肌膚保養了？

首先，最重要的就是要注意到無意識這點。在卸妝以及洗臉時，請不要按揉摩擦肌膚。用兩手將基礎保養品如包覆肌膚般輕柔塗上吧。在抹粉底時也不要按揉摩擦。

請記得要以似乎碰到又沒碰到肌膚的程度來保養。

一起學會不刺激肌膚的保養法，不花一毛錢淡化斑點吧。

想擁有輕盈美肌
絕對要避免的事

Chapter 4

Lesson

肌膚粗糙乾燥，原因就在這裡

「我都這麼努力洗臉了，為什麼還是會長痘痘？」

「我塗了各種保養品，為什麼肌膚還是這麼粗糙乾燥？」

在看這本書的各位，應該也有人有這樣的煩惱吧。

雖然採用我之前說過的洗臉以及保養法，卻還是治不好肌膚的粗糙乾燥。不論做什麼都治不好的肌膚粗糙乾燥問題，其實是有原因的。

其中最大的原因就是，**你給了身體以及肌膚不需要的東西**。

那就是「化學物質」、「添加物」以及「多餘的營養」，全都是不需要的。

我們生活在資訊傳播迅速的世界。在雜誌與電視裡，充斥著讓人錯以為只要使用就能立刻獲得美麗肌膚的保養品，以及讓人垂涎欲滴的食品廣告。

企業為了擴大販售通路，產生利益，而刺激消費者的欲望，讓消費者購買產品。其實不少企業所販賣的是會引發癌症、危害健康的食物，以及會引起肌膚乾燥粗糙的保養品。

日本國內就曾有好幾起這樣的案例，企業宣稱他們賣的是對身體有益的東西，但最後真相浮出檯面，才知道根本不是如此，不管這些企業是早知道有害處卻還販賣這些商品，或是沒有意識到有害處而販賣這些商品，都已經對我們的健康造成傷害。

說到保養品，現今蔚為主流的保養品，是將摻入保養品中的有效成分超微粒子化，以期能讓有效成分滲透到肌膚中，達到保養效果，這項技術的確是一直在進步，但弔詭的是，肌膚本來就有防護功能，這項技術等於無視肌膚本身的功能。

不論是為了守護自己的健康，還是為了擺脫肌膚乾燥粗糙，我們都一定要把關自己每天攝取的東西，判斷它們對身體的影響。

判斷的標準就是「身體與肌膚是否會感到開心」。

為了做出正確的判斷，必須要了解身體基本的運作。

總是輕易相信五花八門的資訊，而無法做出正確判斷，原因就出在沒有理解這件基本的事情。

肌膚漂亮的人很了解自己的肌膚，會攝取對自己肌膚有益處的東西，避免攝取對肌膚有害的東西。

比起花錢，「知道什麼是不能做的」這一點更能獲得高效果。

請了解皮膚的重責大任，明白對美肌來說最重要的「輕盈肌」吧。

接著我要來說明，關於你所使用的保養、化妝品，其中含有的幾個問題。

Lesson

保養品含有許多有害物質

在保養品中，摻有許多種類的化學物質：界面活性劑、防腐劑、色素、香料、合成聚合物……等。

厚生勞動省（譯註：日本中央省廳之一。醫療、勞動政策、社會保險、公積金、舊的陸軍省和海軍省所殘留的行政都由厚生勞動省負責。）有規定，保養品中是否可以摻入這些物質，以及能摻入多少的標準值。之所以要規定「標準值」的理由是，若摻入量多，就會帶給人體不好的影響。

從二〇〇一年四月起，日本規定，使用在保養品中的原材料，都有義務標示全部的成分。

可是在看保養品標籤上標註的各種成分名稱時，因為不知道什麼是什麼，真能理解那些成分後才購入的人應該很少。

「是大牌子製造的，所以沒問題。」

「大家都在使用，所以應該不會是什麼奇怪的東西。」

就是因為如此相信，才會將有害的化學物質塗到肌膚上。

話說回來，為什麼保養品中會摻有許多的化學物質呢？理由大致可以分成三種。

（1）提高可用性

（2）長期保存不變質

（3）低價大量生產

直指核心，則是因為消費者對保養品有以下的期待：

「想要簡單解決保養。」
「不花時間、能輕鬆使用。」
「能長久保存的保養品比較方便。」
因為消費者的要求和企業利益是一致的，才會生產有害的保養品。
對「販賣惡質商品」感到憤怒雖然很簡單，但這責任我們也有一份。
當大家得知這些保養品的真相，若不學聰明些，今後，這些有害的保養品仍將會不斷產生。

瞭解皮膚的構造

長久以來，各大媒體都告訴我們塗抹保養品是好的，我們相信塗抹保養品、做好保養就能讓肌膚變美麗。但是，市售的保養品中都摻有對肌膚有害的成分。

肌膚的剖面圖

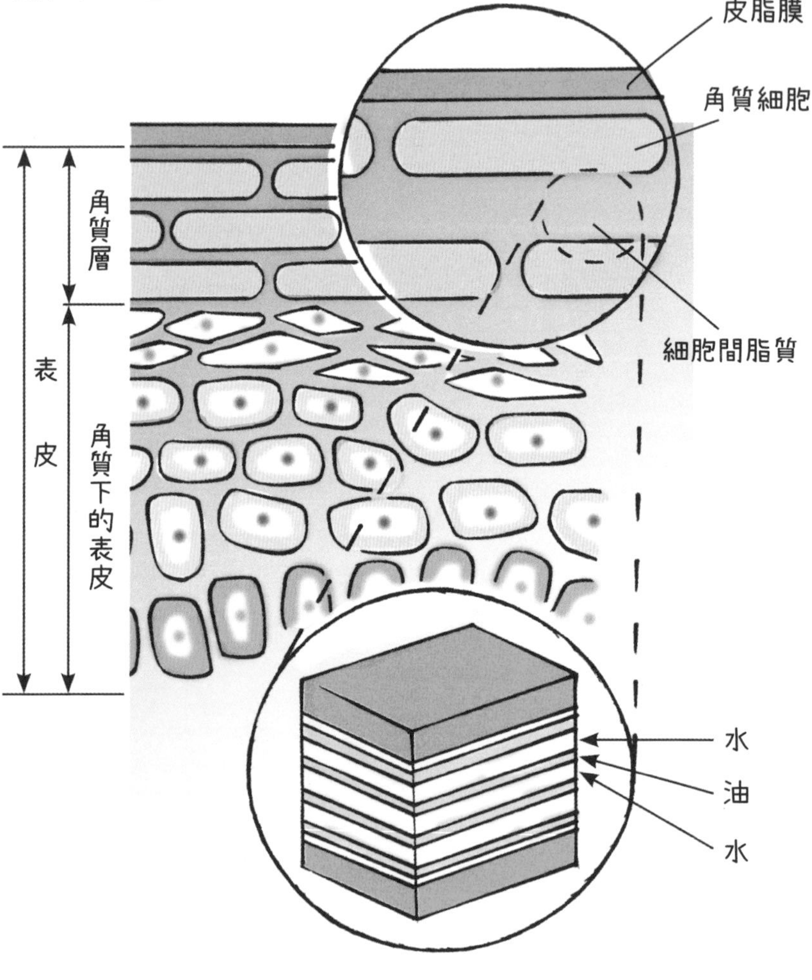

皮脂膜
角質細胞
細胞間脂質
角質層
表皮
角質下的表皮
水
油
水

為了知道保養品有些什麼問題，首先就要來認識皮膚的構造。

皮膚是由「表皮」、「真皮」、「皮下組織」這三層所構成。

表皮位在肌膚最外側，是肌膚是否美麗的的重要關鍵，再分細一點，表皮還可以分為「角質層」以及「角質下的表皮」。

「角質層」擔負非常重要的任務。在表皮最表面的角質層擁有最強力的防護機制，**能防止皮膚水分蒸發，還能防止從外部入侵的異物或化學物質**。

角質層的構造非常堅固，常被比喻為建築物的「磚塊」與黏著用的「砂漿」。角質細胞是磚塊，油溶性的細胞間脂質則像磚塊空隙填充的砂漿。

角質細胞會生出能保溼肌膚的天然保溼因子。

油溶性的細胞間脂質，主要成分是脂溶性的保溼因子神經醯酸（ceramide），在肌膚保溼上擔任著重要的角色。試著用電子顯微鏡來觀察，可以看到有水和油交互好幾層重疊著，形成了非常強而穩固的壁壘。

此外，在皮膚表面也覆蓋有皮脂膜，它是由「汗腺所分泌出來的汗」以及「毛囊所分泌出來的皮脂」混合而成的天然乳霜。

這層膜能防止水分蒸發，保護皮膚表面不受到外界刺激。

Lesson

皮膚最重要的作用

而皮膚最重要的工作，一是不要讓外界的異物或化學物質侵入皮膚，二是防止體內的水分蒸發，保持皮膚滋潤。

因此，皮膚（尤其是角質層）擁有非常頑強堅固的防護機能。

為什麼會形成這樣頑強堅固的構造呢？

那是為了不要讓外界的異物跟化學物質侵入皮膚。

油性且分子量本來就比較小的物質，能夠進入皮膚。皮膚科開出的處方用藥（比如軟膏或是膠狀類等能沾附在皮膚上的藥），就是使用這類物質。

皮膚剖面圖

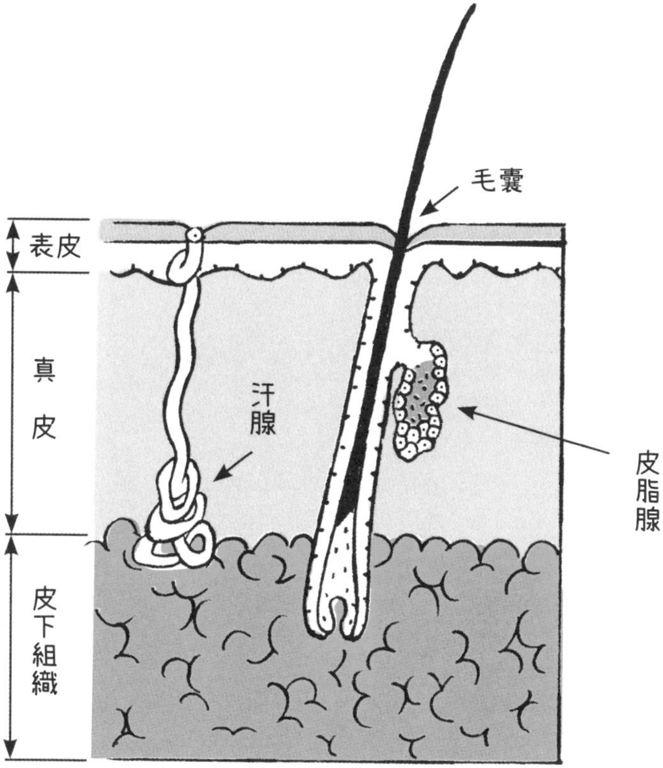

但是有很多女性，為了讓分子量大又或者是水溶性的成分滲入肌膚，拚了命似地做皮膚保養。

本來，保養品中應該是不能含有可以讓外界異物以及化學物質侵入皮膚的成分。但是，有種方法可以破壞皮膚原有的強健機能。那就是利用「界面活性劑」。

現在的保養品，為了讓宣稱為有效成分的物質能深入肌膚，會刻意加入界面活性劑。

請見前頁的剖面圖，因為肌膚塗上界面活性劑，而使得磚塊（角質層）與砂漿（細胞間脂質）的構造崩塌，除了是保養品中的有效成分，有害成分也一併入侵。然後加速皮膚水分的蒸發，演變成乾燥肌。

想一想肌膚本來的功用，就會知道要讓某些物質滲入肌膚根本是荒謬至極。不論如何，為了讓有效成分滲入肌膚深處，而破壞肌膚構造，肯定是本末倒置，「是哪裡搞錯了」。

健康的角質層

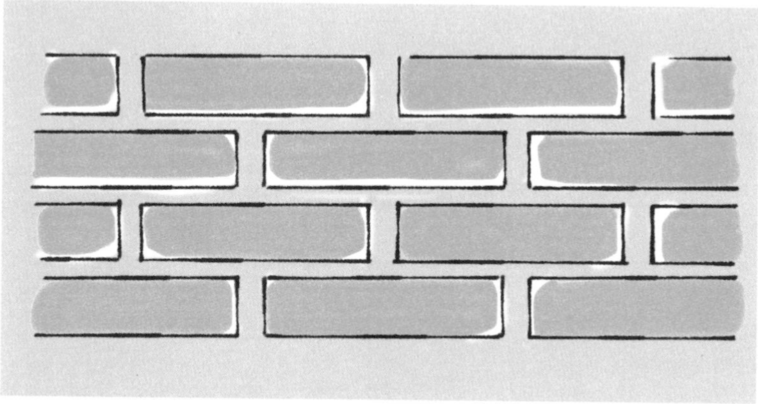

因界面活性劑而使構造崩壞的角質層

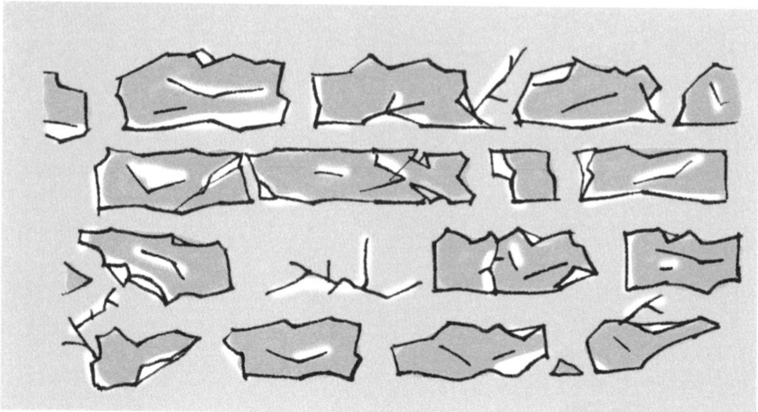

Lesson

卸妝乳等於碗盤清潔劑

「請試著用碗盤清潔劑來卸妝試試看。」

若這麼跟你說，你可以做到嗎？做不到吧？但其實我們都正在這麼做。

卸妝乳的主要成分和碗盤清潔劑一樣，都使用界面活性劑。

所謂的界面活性劑，用一句話來表達就是：「為了讓水與油混合在一起，而製造出來的物質」。

沾附在食器上的油汙，只用水是洗不掉的。但洗潔劑中含有界面活性劑，所以能洗掉。用卸妝乳讓塗抹在臉上的油性化妝品浮上來，再用清水沖洗乾淨，便是卸妝乳中有加入界面活性劑的證據。

或許也有人會認為：「加入化妝品中的界面活性劑，會比加在碗盤清潔劑中的對肌膚溫和些，所以應該沒問題吧？」但這樣想就錯了。

界面活性劑的確有不同的種類，比如從石油中提煉出來具強力洗淨力的種類，以及經化學合成、洗淨力較弱的種類。

但是，所有的界面活性劑都有能溶解蛋白質的作用。即便洗淨力較弱，也會帶給肌膚傷害。

界面活性劑會破壞肌膚所擁有的防護機能，破壞肌膚構造，浸透入肌膚深處。肌膚的構造一經破壞，肌膚內的水分就會蒸發，使肌膚變得乾燥。

界面活性劑有著「一旦沾上肌膚後就很難去除」的特性，即便不斷沖洗仍會殘留。因而會導致肌膚乾燥的情況不斷惡化，很容易受到外界的刺激，而這樣的結果將會造成肌膚對各種物質都容易起反應，也就是變成所謂的敏感肌。

很多卸妝乳都會標榜產品中有「加入保溼成分」，但那其實是為了掩飾因界面活性劑所造成的肌膚乾燥粗糙，才會加入保溼成分。

真相就是，因為卸妝乳加入了不需要的多餘物質，會傷害到肌膚，結果才導致要用人工添加物來補足失去的成分。

此外，若界面活性劑透過皮膚被體內吸收，將會引起肝臟病變、腎臟病變、癌症、血液成分減少、胎兒畸形等。

合成界面活性劑被排入水管，因難以分解，會汙染河川、海洋、湖泊等，對魚類以及微生物等生態系造成引響而形成環境問題。

為什麼會在卸妝乳裡面摻入這麼可怕的界面活性劑呢？

「能迅速卸妝的卸妝乳。」

「能輕鬆洗淨。」

「想要那種即便是在浴室中弄溼手也能使用的卸妝產品。」

這也是因為我們消費者追求卸妝乳的便利性所造成的結果。

Lesson

對肌膚有害的弱酸性洗面乳

洗面乳的主要成分也是界面活性劑。和卸妝乳一樣，會突破肌膚的防護機能，破壞皮膚的構造。

在洗臉用品中，對肌膚比較溫和的就是天然肥皂。

在浴室中使用肥皂，被沖流到下水道或河川中時也能被分解而回歸自然。就算是洗完臉後沒有用水沖洗乾淨而使肥皂殘留在肌膚上，它也不同於界面活性劑，不會那麼可怕。

皮膚健康的狀態是「弱酸性」。而由天然成分所做成的肥皂，在構成上屬於鹼性。用肥皂洗臉，雖然肌膚會暫時偏向於鹼性，但健康的皮膚會馬上回復到弱酸性，所以完全不會有什麼問題。

但現實是，我們被「洗臉用品要與肌膚同屬弱酸性比較好」這樣的廣告所操弄，結果含有弱酸性的界面活性劑洗面乳便大賣特賣。

我們一定要小心「胺基酸系是由植物萃取，所以對肌膚很溫和」這樣的標語。**不論是「胺基酸系」還是「植物萃取」都是完全的界面活性劑。**和其他的界面活性劑一樣都是有害的，而且會破壞肌膚的構造。

Lesson

使用不含防腐劑的保養品

很多人所使用的保養品也幾乎都是對肌膚有害的。

化妝水的主要成分是水。放置在常溫下的水，經數日就會變質而不能飲用。

那麼，為什麼化妝水在開封後經過幾個月～幾年間都不會變質呢？

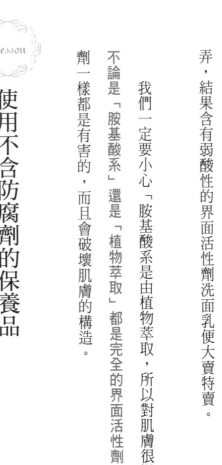

那是因為添加了防腐劑。

保養品之所以會變質，是因為細菌或黴菌的繁殖。防腐劑能殺死這些微生物，抑制牠們的活動，但同樣地，對人類細胞也有不好的作用。

「添加入保養品中的防腐劑是經由厚生勞動省許可的，所以應該沒問題吧？」會這麼想的人真是太天真了。

在厚生勞動省所認可的防腐劑中，也是有承認其有毒性或有致癌性的，因而有規範它們的使用量，可是卻沒有限制添加的種類數量。即便是毒性較少的防腐劑，混合了多種種類後，毒性也會變強。

在健康的皮膚上住有很多益菌（常在菌），常在菌會保持皮膚表面弱酸性，守護肌膚不受其他雜菌或黴菌的侵襲，是人體非常重要的菌群。

若將摻有防腐劑的保養品塗到臉上，重要的常在菌就會死去，數量銳減。

這麼一來，至今為止一直被常在菌所壓制的壞菌或黴菌就會繁殖，因而導致肌膚變得粗糙乾燥。

接著，導致產生面皰的痤瘡丙酸桿菌（Propionibacterium acnes）增加，面皰也跟著增生。

甚至，這也會導致在臉上生出白癬或其他黴菌疾病。

Lesson

All in one 就是塗在皮膚上的塑膠

「只要使用這一罐，就能讓肌膚水潤光澤」。

甚受歡迎的 All in one 保養品，是專為忙碌女性所開發。塗上去之後的確是會讓肌膚有滋潤的感覺。洗完臉，只要將凝膠塗在臉上的這一個步驟，肌膚就會變得漂亮有光澤，不論是在忙碌的早晨還是疲累的夜晚都能輕鬆使用。

All in one 就是抓準了想著「想簡單搞定保養」的消費者的心。

那麼 All in one 到底是由什麼做成的呢？

是由水、合成聚合物、界面活性劑、防腐劑，以及其他成分所製成的。其中的主要成分「合成聚合物」，就像是液態的塑膠一樣。

若你在皮膚上貼膠帶或塑膠，皮膚就會看起來緊實光滑。但這其實是塑膠造成的假象，合成聚合物和塑膠是一樣的意思。

在臉上塗上合成聚合物，看起來就像是皺紋被撫平而很有光澤。

即便實際上界面活性劑會持續帶給肌膚傷害，但因為在表面敷上了一層合成聚合物，會讓人感覺宛如肌膚變漂亮一般。

此外，因為皮膚會排出汗水與皮脂，在肌膚上塗上合成聚合物後，毛孔就會被堵塞，導致肌膚無法發揮原有的機能。

一旦肌膚變成皮膚常在菌難以居住的環境，常在菌數量銳減，其它壞菌增加，皮膚也就會變得不健康。

即便其中摻有據說對肌膚有效的成分，但保養品的成份主體還是合成聚合物、界面活性劑、防腐劑這類有害的化學物質，這點是不會改變的。

宣稱具有抗老化、消除皺紋以及預防鬆弛功效的保養品，原理也是一樣的。

Lesson

乳液、保溼霜、眼霜會讓肌膚變乾燥

為了保溼而塗抹的乳液、保溼霜、眼霜等都含有界面活性劑。界面活性劑不僅能用來當作洗潔劑，也被當作乳化劑來用。

所謂的乳化，簡單來說是讓原本兩不相溶的物質，亦即水溶性與油性的物質混合在一起，使兩者成為乳液或霜狀。

我們會因為使用了乳液、面霜等保養品，而讓界面活性劑滲透入肌膚中。

正如我們已經知道的，**為了保溼而塗抹乳液、面霜等保養品，會破壞皮膚的構造，讓肌膚變得乾燥。**

尤其是眼睛周圍的肌膚是很薄又敏感的。期待著能減少細紋而努力塗抹眼霜，結果反而累積對皮膚的傷害，使皺紋及斑點增加。

在塗抹乳液或是面霜時，你會感覺到肌膚變光滑漂亮，那是因為其中摻入了合成聚合物的緣故。那是假性光澤。

Lesson

粉底會弄髒肌膚

粉底可大致分為兩種。

分別是粉底液（液體）與粉餅（粉狀）。

粉底液中一定會摻有界面活性劑，所以不用說會對肌膚有害。

粉餅則摻有二氧化鈦與氧化鋅等紫外線散亂劑。

二氧化鈦與氧化鋅若接觸紫外線，就會產生自由基。粒子愈小活性就愈高。超微粒化的粉末能通過皮膚的防護機能，深透到肌膚底層，引起肌膚問題。

最近蔚為流行的礦物粉底，因為有使用到這種超微粒子粉末，阻隔紫外線的效果很好，但也為肌膚帶來了很大的負擔。

在口紅鮮豔的顏色中，含有焦油色素。

焦油色素會以紅色〇〇號、黃色〇〇號的成份標記，是完全不存在於自然界中的人工化學物質。不被允許使用到食品添加物中的許多色素，卻被許可用在化妝品中。根據研究報告，焦油色素會引發癌症與導致胎兒畸形。

若不小心吃進口紅，雖說是少量，但毒物仍會直接進入體內。

此外在口紅中，為了消除顏色濃淡不一的問題，也會摻入界面活性劑或是染料的溶解劑。和這些化學物質混合在一起，毒性會變得更強。

Lesson

讓紫外線照手掌十分鐘

紫外線作為太陽光的一部分而傳遞到地面上來，對肌膚而言是有害光。

紫外線會帶給肌膚很多傷害：

○會改變肌膚膠原蛋白以及彈性蛋白的性質，因而會造成皺紋。

○為了保護肌膚免受有害的紫外線傷害，黑色素就會開始作用，造成斑點。

○角質層會受到傷害，保溼能力會降低，導致形成乾燥肌、敏感肌。

○容易形成痘痘，甚至接觸到紫外線後還會產生自由基以及過氧化脂質，使面皰惡化。

○皮膚細胞的基因會因紫外線而受到傷害，增高罹患皮膚癌的風險。

○受到紫外線照射的影響，掌管皮膚免疫的「朗格罕細胞」就不會作用，對病毒、細菌或是過敏物質的抵抗力就會變弱。此外，全身的免疫也會變弱，變得容易疲倦或是容易罹患感冒。

我已經幾十年沒有曬傷的經驗，但請各位回想一下曬傷的情況。夏天出遊曬傷時，皮膚會發紅、腫脹，並且火辣刺痛。這代表著皮膚正發生著很嚴重的發炎症狀。基因受到傷害，或許還會引起皮膚癌。

一旦曬傷，在幾天內，總會莫名的感到疲累。那是因為身體免疫力低下的緣故。

又之後的幾天，皮膚會變又黑又硬，幾天後會開始脫皮。那是因為角質層受傷，皮膚的含水量明顯過低。若有面皰的人，發炎症狀會更嚴重。

過了好一陣子，皮膚的顏色雖會漸漸回復原樣，但卻殘留有細微的斑點。皺紋也會增加。

年輕的時候，皮膚回復力很強，就算曬傷，也不會留下眼睛看得到的問題，但是隨著年齡增加，就會直接與斑點、皺紋等問題相連結。此外，從年輕時所累積下來的紫外線照射，也都與日後的斑點或皺紋數有關。

為了美肌，請完全避免接觸紫外線。

會帶給肌膚影響的紫外線，可分為ＵＶＡ（紫外光Ａ）與ＵＶＢ（紫外光Ｂ）。

ＵＶＡ可以到達皮膚深處的真皮層，改變膠原蛋白的性質，所以是造成深層斑點的原因。此外，皮膚會變黑的曬傷也是ＵＶＡ的作用。ＵＶＡ能通過窗戶玻璃，所以就算在屋內也會受到ＵＶＡ的影響。

ＵＶＢ則是讓皮膚變紅、引起炎症的曬傷成因。ＵＶＢ的能量很強，會帶給皮膚細胞傷害，所以是導致皮膚癌或是斑點的原因。

為了讓肌膚避開不好的紫外線，一定要防曬，許多人會選擇擦防曬乳。

防曬乳有兩種，可以分類為紫外線吸收劑與紫外線散亂劑。

所謂的紫外線吸收劑就是能吸收紫外線，然後將之轉換為別的能量，所以能防止紫外線侵入肌膚。若在成分標示上標有「羥苯甲酮」（oxybenzone）或「甲氧基肉桂酸辛酯」（Octylmethoxycinnamate）等化學物質，那就是紫外線吸收劑。紫外線吸收劑防止紫外線的能力遠比散亂劑還好，特徵是塗在肌膚上時不會變白。

但是，紫外線吸收劑對皮膚有毒性，所以厚生勞動省有規定摻入的量。紫外線散亂劑比起紫外線吸收劑要來得好些。它被稱為是NO chemical（也就是不含紫外線吸收劑）的防曬品。

紫外線散亂劑主要是「二氧化鈦」以及「氧化鋅」，會在肌膚的表面讓紫外線散亂，使紫外線不被人體吸收。

不過，最近的紫外線散亂劑為了提高紫外線的防禦效果，也為了在塗上肌膚時能提高透明感，而開始使用超微粒化的粉末。這種超微粒子的粉末能穿透肌膚的防護機能，直入肌膚的底層深處，因而造成肌膚問題。

散亂劑本身在紫外線的照射下也會產生對肌膚有害的自由基。

此外，市售的防曬乳，當中所含有的紫外線吸收劑或散亂劑，兩者都會將界面活性劑當作乳化劑，因此含有這種成份。

為了防禦紫外線而塗上防曬乳，防禦紫外線的化學物質以及界面活性劑，這兩者同時也破壞了皮膚的構造。

所以，請各位以戴帽子、撐陽傘等方式來代替塗防曬乳吧。因為紫外線還會從地面反射，所以也要戴上阻絕ＵＶ的口罩。若紫外線從眼睛進入，黑色素就會開始活動而容易形成斑點，所以太陽眼鏡也是必要的。尤其從事戶外活動時，最好在手臂上戴著能阻絕ＵＶ的袖套。

雖然以這身打扮走在街上或許會很丟臉，但我還是穿成這樣走在街上。而我的家人則離我有二十步之遠（笑）。

若這種打扮能成為一種標準，就不再會是很丟臉可恥的事了。我希望能有這一天的到來！

只是，為了骨骼的健康，我們仍必須照射少量紫外線，讓體內製造維生素D。一天只要五～十分鐘左右，讓太陽光照射在手掌上就可以。手掌上不容易出現斑點或皺紋，所以可以放心。

此外，也有人在照到太陽後心情會感到平靜，能改善憂鬱傾向。有這種情況的人，比起肌膚，請先考慮到重視心靈的健康。對美肌來說最重要的，就是心靈的健康。

Lesson

「無添加保養品」不代表對肌膚沒負擔

聽到「無添加保養品」，有很多人應該都會想到是「完全不含有造成肌膚負擔成分的保養品」。

我也曾經是這樣想。但有一回，我發覺這完全是大錯特錯。

我調查了一下市面上所販售的無添加保養品，發現可以大致分為兩大類。

（1）沒有添加「舊指定成分」的保養品。

（2）不含限定的一、兩種化學物質，宣稱沒有添加那一、兩種物質的保養品。

在保養品所含的化學物質中，過去日本的厚生勞動省確認有一〇二種成分具有毒性，極有可能會引起過敏、皮膚傷害、癌症等，這些成分就被稱為「指定成分」。以前，在保養品中若摻有這些成分，都有義務標記出來。在二〇〇一年四月以後，所有成分的名稱都要標示出來，所以現在稱其為「舊指定成分」。

只要沒有添加「舊指定成分」，那麼其他不管加入什麼有害的化學物質，仍然算**（1）的無添加保養品**。

另一方面，（2）是指沒有摻入某一種特定成份的保養品，這種類型會在容器上的某處寫著「無添加〇〇」。

可是實際卻含有舊指定成分，以及其他的有害物質。

最常見的，是不加入「對羥基苯甲酸酯（Paraben）」，卻宣揚為無添加保養品。

對羥基苯甲酸酯有可能會引起過敏，添加的量受到限制，在舊指定成分中被歸類為為防腐劑。即便沒有添加對羥基苯甲酸酯，卻仍會添加進其他的防腐劑，比如苯氧乙醇（Phenoxyethanol）之類的（苯氧乙醇也是有害物質）。

話說回來，厚生勞動省根本沒有規定無添加保養品的標準。只是企業自己說自己是無添加保養品而已。

一旦宣稱為「無添加保養品」，消費者就會自己延伸想像成是「對肌膚溫和」而購買，所以無添加保養品才會充斥市面。

順帶一提，在電視廣告中播放著的知名無添加保養品，雖沒有添加舊指定成分，但卻大量摻有其他的有害成分。

應該有很多人都因此被欺騙，而使用了有害的無添加保養品吧。

Lesson

有機保養品不見得好

「有機保養品」給人一種「天然成分製成，是對肌膚溫和的保養品」這樣的印象，對吧？

所謂的「有機保養品」就是「不使用農藥、化學肥料等的化學藥品，用從前傳承下來的有機栽培孕育所得的植物，從中萃取出原料來的保養品」。

世界上有保證有機的認證團體，只要使用有機團體認證的原料，就能稱為「正式認定的有機保養品」。

那麼，被有機團體認可的產品，就真的是對肌膚溫和的保養品嗎？

其實，有很多情況是在原材料總成份使用部份有機植物，剩下的部分仍會加入造成肌膚問題元凶的界面活性劑或防腐劑等其他各種物質。

話說回來，有機植物真的就是對肌膚溫和的嗎？

存在於自然界中的植物，有的能成為藥材原料，有的則是毒物，或許還會引起過敏。

植物不見得一定是對肌膚溫和的。

此外，在抽出植物萃取物加入保養品的階段，多有使用到會對肌膚造成負擔的藥劑，而且這些藥劑也會就這樣混入保養品。

所以有機保養品並不一定是對肌膚溫和的。

Lesson

含膠原蛋白的保養品不會增加皮膚的膠原蛋白

應該有很多女性都認知到「要提升肌膚緊緻，就要使用膠原蛋白」。

真皮大部分都是由膠原蛋白構成的，所以對肌膚來說，膠原蛋白的確很重要。

從洗臉用品到乳霜，有很多東西中都摻有膠原蛋白。

各位是不是認為，使用「加有膠原蛋白的保養品」後，皮膚的膠原蛋白就會增加，因而擁有美肌？

那就錯了。

首先，膠原蛋白是分子非常大的物質，無法被皮膚吸收，也無法到達皮膚深處有膠原蛋白的那層。

最近開發出了將膠原蛋白縮到非常小的技術，似乎已經研發出能讓膠原蛋白滲透到皮膚底層的技術。但是，就算膠原蛋白能到達皮膚的底層，依然無法和皮膚的膠原蛋白相結合，加強皮膚的作用。

請認知：「含膠原蛋白的保養品，它的功效就只有覆蓋在皮膚表面，具有保溼的作用而已」。

可以「吃」的膠原蛋白產品市面上也有很多。或許有人會認為「若從嘴巴吃下膠原蛋白，皮膚的膠原蛋白就會增加，肌膚也會變得緊緻」，但其實沒那麼簡單。

膠原蛋白是蛋白質的一種。攝取了膠原蛋白，會被消化，被分解成胺基酸，然後被腸道吸收。胺基酸是身體各處所必須的，首先，為了活下去，就會被分配到必要的部位。要知道，對皮膚來說，胺基酸是在身體各處被使用，剩下來最後才會被分配到的地方。

即便吃魚翅或豬腳等富含膠原蛋白的食物，膠原蛋白也不會直達皮膚。

Lesson

以食物為原料的保養品可能會引起過敏

有很多人都會以為，「保養品的成分是能吃的東西，所以很安全」，但其實並不一定安全。

我們都已經知道，有些食物附著在皮膚，會導致皮膚過敏。

食物成份若是附著在皮膚上，有可能會引發過敏。

成為嚴重問題的「茶皂」（譯註：日本知名化妝品公司悠香製造的茶皂所曾發大規模過敏問題）。就是將食物的小麥磨碎加水溶解，然後將溶解的小麥摻入肥皂，而使用這個茶皂的人竟出現了嚴重的小麥過敏。

此外，到現在還是有人誤以為用檸檬或小黃瓜來敷臉能為皮膚補充維生素C，有很好的效用。

在檸檬和小黃瓜中含有補骨脂素（psoralen）這種光敏感劑，如果沾到皮膚再照射到日光，就會產生斑點。

雖然是食物，但作為保養品原料，也不見得安全。

妙鼻貼會讓毛孔粗大

緊緊貼在鼻子上，再「唰」地一聲撕下來，表面可見沾附有密密麻麻的黑頭粉刺。

看到那則毛孔貼布的廣告，一般人都會想要試試看。

你也正在這麼做嗎？做了之後，鼻子的毛孔會變得更粗大喔。

清除掉暫時性堵塞的東西，會感覺鼻頭稍微變光滑，因此一用再用，但那卻會在鼻子的皮膚上引起很大的問題。

在撕落貼布的時候，連同毛孔皮膚的一部分也會跟著被撕下，將會引起發炎。此外，也會形成未成熟的角質，使得毛孔變得更明顯。

這麼一來，使用毛孔貼布的頻率增加，變得更加重對鼻子皮膚的傷害，毛孔因而變得粗大，掉入這樣糟糕的惡性循環……。

有很多患者因介意鼻子毛孔的問題來到醫美皮膚科，他們都是因為使用這種貼布才導致毛孔變粗大。

如果你還沒有變成這樣，那你的皮膚還有救。還在使用除粉刺等毛孔貼布的人，現在請立刻不要再用了！也不要用力擠鼻子毛孔的黑頭。

毛孔一旦變得粗大，就算動手術也無法復原。

那麼，若很介意鼻子的毛孔問題，該怎麼辨呢？各位很想這麼問吧。

鼻子毛孔之所以會很明顯，主要是因為遺傳或是體質。肌膚光滑的人，是毛孔底層的皮脂腺不發達的人。雖然很讓人羨慕，卻不是後天可以達成的。

若是因為在意鼻子的毛孔就勤加洗臉，結果反而會帶給肌膚不好的刺激，而形成許多未成熟的角質，使得毛孔變得更加明顯。

首先，你必須要先知道毛孔目前的狀態。

脂肪分泌過多，毛孔顯得很明顯？

有黑頭堵塞？

毛孔附近的皮膚變黑黑的？

毛孔有出現發炎症狀？

毛孔變得明顯的原因是出在皮膚鬆弛？

因應不同的原因，會有不同的處理方法，建議可以前往附近的醫美皮膚科看診，找醫生諮詢，不要胡亂使用除粉刺產品。

Lesson

你有金屬過敏嗎？

有人是因為對金屬過敏才會引起肌膚粗糙乾燥的。

「我才沒有金屬過敏。」

請不要忽略這部分。有很多人都沒注意到其實自己是對金屬過敏的。金屬過敏和許多的皮膚病都有密切的相關聯。

若會因耳環、耳墜、項鍊、戒指、手錶、皮帶的扣環等而造成搔癢、滲水，若有這樣經驗的人，可確定是有金屬過敏。

有金屬過敏的人，若在牙齒中填塞有金屬物質，那是很恐怖的。因為口中的唾液會使得金屬溶出，使身體產生異變。

說到金屬和肌膚的關係，則會出現像是異位性皮膚炎、掌跖膿皰病、全身性蕁麻疹、發癢、無法治癒的面皰等症狀。

即便不曾因金、銀等貴金屬而起斑疹的人，但因皮膚出現症狀，檢測之後，發現有金屬過敏，像這樣的例子我經驗過很多。

怎麼樣也無法改善痘痘的熟女患者們，有很多原因都是因為有金屬過敏。

成人後所出現的面皰，特徵是出現在U型區塊，因為金屬過敏而形成的面皰，則是會出現在全臉。

無論怎麼治療都無法治癒的面皰，請懷疑「或許是因為牙齒裡的金屬」。其實我就是其中的一個。

因為保養品的化學物質而在臉上出現的面皰，在我使用了自製的無添加保養品後就有所改善，可是後來，到了某個時間點，我卻出現了以額頭為中心，不論做什麼都無法改善的面皰。

我想了一下原因，想起牙醫生曾將新的齒科金屬填補到我的牙齒中。

雖然至今為止，我未曾因戒指、手錶、項鍊等出現過斑疹，但為了以防萬一，我試著去做了金屬過敏檢測，結果卻令我驚訝不已，我才確定，原來我對許多金屬都會過敏。

然後我去除了所有的齒科用金屬，約在半年後，我額頭上的面皰就如同雲煙般消散，再也沒長出來了。

無論如何都無法改善面皰的人，為了以防萬一，建議可以去做個金屬過敏測試。

不過，現在的情況是，只有少數皮膚科的醫生有認知到金屬過敏是造成面皰出現的原因。

此外，即便確定了是金屬過敏，要除去齒科用金屬需要花上一筆費用，結果就干脆這樣維持現狀下去……也有很多人是這樣的。

至今為止，我看過幾十例有金屬過敏的患者除去了齒科用金屬，頑強難治的面皰就如同雲煙般消散地治好了，所以花那筆錢真的一點都不可惜。

有金屬過敏的人，我希望你們還能知道一件事。

粉底、蜜粉、腮紅、眼影等也都含有金屬，而且臉也或許會因此發癢。

有金屬過敏的人，即便要使用含金屬的保養品，也請使用能與肌膚隔離，不讓金屬粒子直接接觸肌膚而精心製造的保養品。

最近，摻有「金」或「鉑」的保養品很受矚目。「不會因氧化而腐蝕或變質，自古以來就被稱為能帶來永遠的生命與美麗的金與箔。」

看到這樣的說明，我很明白大家會想著「感覺肌膚好像從此不會老化」，而想立刻跑去購買的心情。但是請務必要留意。若是對金與箔會過敏的人使用了，肌膚反而會變得殘破不堪。

有人會誤解「金與鉑不會造成金屬過敏」。但對金與鉑會過敏的人並不在少數。我也是其中一人。

曾經因為耳環或貴金屬類而使得肌膚發癢的人，或許原因就出在金與鉑。

即便是至今為止不曾因為貴金屬而造成肌膚發癢的人，也可能會因保養品中所含有的小粒子金屬而起反應。

若是停止使用了有害保養品，進行了美肌的飲食生活，也沒吃小麥粉，但是肌

含有較多金屬的食品

	豆類	穀類	蔬菜	海藻	魚貝類	飲料	糖果糕點
鎳	堅果、所有豆類	糙米、蕎麥、燕麥片	菠菜、萵苣、南瓜、高麗菜	全部	牡蠣、鮭魚、太平洋鯡	紅茶、可可、紅酒	巧克力
鈷					帆立貝	紅茶、可可、啤酒、咖啡	
鉻			馬鈴薯、洋蔥			紅茶、可可	
鋅	堅果、所有豆類	糙米、小麥		海苔	牡蠣、螃蟹、章魚	日本茶	
銅					牡蠣、蝦蛄	紅茶、日本茶	

膚的粗糙乾燥卻沒有改善的人，請懷疑一下是否有金屬過敏。請去看皮膚科，並跟醫師說：「請幫我做金屬貼膚測試（檢查皮膚過敏反應）。」

若是知道你有金屬過敏，就請除去造成原因的所有齒科用金屬吧。除去金屬後約半年，肌膚乾燥粗糙的情況就會改善了。此外，依據所吃的食物，其中也含有許多會造成過敏的金屬，也請不要吃。

Lesson

造成不健康肌膚的入浴劑

泡澡時間能為我們洗去一天的疲勞。

在浴缸中加入漂亮的顏色與芳香的香氣，會讓人感到幸福，泡在熱氣騰騰的水裡，是最大的享受了，這一點我非常能體會。

但是，各位有看過入浴劑的成分嗎？

入浴劑的顏色，大多是名之為藍色〇號、黃色〇號的焦油色素。那是一種有毒物質。

芳香的香氣也是由化學物質做成的。而且也含有能讓肌膚看起來水潤的化學物質以及界面活性劑。此外，為了保持入浴劑不會腐敗，也摻有防腐劑。

能造成溫熱效果的碳酸鈉、碳酸氫鈉、生藥等雖然有益人體，**但入浴劑仍是化學物質的大集結！**

加入入浴劑，在泡入浴缸的期間，化學物質會在皮膚上起作用。

界面活性劑會破壞皮膚的防禦機能，有毒的焦油色素以及其他的化學物質會侵入變得脆弱的皮膚中引起過敏，還可能會提高致癌的可能性。

若你洗完澡後身體會覺得癢，甚至還起了溼疹，或許就是因為入浴劑的關係。

若無論如何都想加入入浴劑，就加入天然的鹽巴吧。那可以讓洗澡水變得和鹽化物泉一樣，能溫暖身體。

想要有香氣的人，或許可以加入香草或是香精油，但因為也含有會刺激肌膚的成分，我並不推薦。就我所知，也有很多人會對柚子或橘子皮等起斑疹。

Lesson

絕對不要拉扯肌膚

隨著年齡增長，臉形會變得沒這麼線條分明。那是因為肌膚失去了緊緻，年輕時候強韌緊實的結締組織變鬆緩，無法抵抗重力，所以產生了鬆弛。

看到鏡子而感到「變鬆弛了」的瞬間，真的讓人感覺很討厭。對映照在夜晚櫥窗上或電車窗戶上的臉感到失望的經驗，應該只有某個年齡層以上的人才有的吧。

在感到失望時常會去做的一件事，反而會讓肌膚鬆弛變得更嚴重。那就是邊看著鏡子說著「年輕時候可是這樣的喔」，邊拉扯著鬆弛的肌膚往上提的動作。這麼做，或許會因為形狀記憶而陷入回復到年輕時自己的錯覺，但那不過是自我安慰，回到過去這種事是絕對不會發生的。

皮膚受到拉扯就會伸展。若每天每天都不斷去拉扯，肌膚就會持續伸展下去。伸展開的皮膚會因為重力而下垂，鬆弛就會更嚴重。

此外，**搓揉肌膚不僅會讓斑點顏色變深，也會讓鬆弛變嚴重**。請回想一下。在用力塗抹卸妝乳或乳液時，臉上的肌膚會動吧。那個時候的肌膚正因為被拉扯而伸展著。搓揉則會增進鬆弛。

那麼，該怎麼做才能讓鬆弛的肌膚變得不明顯呢？**首先就是不要拉扯肌膚、不要搓揉肌膚，這樣就能停止鬆弛惡化**。

能積極改善鬆弛的方法就是增加皮膚的膠原蛋白。膠原蛋白增加，肌膚就會回復緊緻，打造出不會輸給重力的締結組織。此前我們已經說過，要增加膠原蛋白，必須要有成長荷爾蒙。

優質的睡眠以及適度的運動，能活化成長荷爾蒙的分泌，不需花一毛錢就能讓鬆弛不再那麼明顯。

Lesson

不要用男性保養品

最近可以看到許多針對男性而推出的保養品。在我的周遭，塗抹化妝水的時尚男性也不斷地增加。

我很想大聲對他們說：

「男性們，請停止使用保養品吧！」

雖然企業很想賣保養品給女性，但因為保養品充斥，市場已到了飽和狀態。因此就將目標瞄準了男性。打出了「現今這個時代，男性若沒有使用保養品就落伍了」的廣告，不斷強力推銷賣保養品給男性。

男性的皮脂比女性多，角質也較厚，所以皮膚的防禦機能也比較強。就算不擦任何東西也能擁有「輕盈肌」，可是一旦開始塗起保養品，皮膚就會被破壞。說是踏入火坑也不為過。

「因為臉很乾燥，有一層角質層的白屑，所以想塗化妝水。」對於有這種困擾的各位男性，我要給出如下的建議。

第一，請停止用居酒屋的溼毛巾擦臉。溼毛巾中含有合成的洗潔劑，那會破壞皮膚的構造，所以才會讓臉變得乾燥有白屑。

第二，不要讓洗髮精滴流到臉上。洗髮精中所含的界面活性劑會破壞皮膚的構造。即便之後會洗掉也沒用。最重要的是，從一開始就不要沾到臉上。

第三，請不要用熱水來洗臉。熱水會讓保溼成分流出，讓肌膚變乾燥。要用對肌膚溫和的無添加肥皂來溫柔洗臉，然後再用溫水沖淨即可。什麼都不要擦。

男性們只要遵守這些要點，就能改善臉上乾燥有白屑的情況。若塗上保養品，反而會使得臉變得更乾燥。

請認識到，使用保養品的男性們臉上的那份光澤，就像是在臉上貼上塑膠般的偽光澤。

Lesson

抽菸絕對不行

香菸中的主要成分尼古丁會使血管收縮，讓血液循環變差。血液循環若變差，皮膚的新陳代謝就會變差。一根香菸會破壞二五～一〇〇mg的維生素C，因此會導致維生素C不足。

維生素C有著能防止黑色素形成以及幫助生成膠原蛋白的作用。一旦不足，斑點、雀斑就會增多，肌膚會失去緊緻，產生皺紋。

此外，吸菸會產生自由基，引起各種皮膚問題，也會傷害到細胞的DNA而提高罹癌風險。

尤其要注意的是，即便自己不吸菸，也會因為跟你在一起的人有吸菸，而被動地吸到了比吸菸者所吸的「一手煙」危害更大的「二手煙」。

二手煙中所含的尼古丁，是一手菸的二・八倍、焦油是三・四倍、一氧化碳是四・七倍，含量更多。

不要以為自己不抽菸就安心，請不要靠近吸菸者。

抽菸對身體不好是太過於理所當然的事了，所以我總會忘了跟患者說。雖然不少人都認識到了香菸的危害，但還是有人不甚了解，所以我再重申一次。

Lesson

與壓力和平共處

壓力是美肌之敵。

我們的身體一旦感知到壓力，掌管壓力的荷爾蒙——腎上腺皮質荷爾蒙或男性荷爾蒙，就會大量分泌來對抗壓力。這些荷爾蒙會讓皮脂分泌過多，導致毛孔阻塞或產生面皰。

此外，因為壓力的關係，體內就會產生出大量的自由基，這些自由基會攻擊體內細胞，加速肌膚的老化。

生活在現代社會的我們，很難過著完全不會感受到壓力的生活。重要的是該如何解消壓力。感受到壓力的時候，就悠閒地泡個澡，或是聽聽喜歡的音樂，培養適合自己的紓壓方式吧。

為了養成美肌就不得不忍耐這件事，或許也會成為壓力呢。像是要對喜歡的飲食要有所節制、過著避開紫外線的生活、戒菸等。

患者們也曾這麼跟我說過：「一直在忍耐，反而會因為壓力而產生更多面皰。」

若是這麼想的人，就請不要忍耐了。**因為對你來說，在沒有壓力的範圍內，過著養成美肌的生活會比較好。**

著實為肌膚乾燥粗糙煩惱的人，為了解決肌膚的粗糙乾燥，不論再努力，都不會感受到壓力。為肌膚煩惱就是最大的壓力，所以為了擺脫這煩惱所做的努力，就只會感覺到喜悅而不會覺得是壓力。

就算是為了養成美肌而努力，但若是沒有出現相應的結果，就是做出了錯誤的努力。只要擁有正確的知識並進行適當的努力，身體就一定會給出回應。

或許在其他人眼裡看來，有了目標並為那目標而努力的樣子很辛苦，但本人卻是很開心地去做，所以完全沒感受到壓力，像這種例子是很常見的。即便是做著同樣的事，但若是根本不想做，覺得是在做無用功，那麼所感受到當然只有壓力了。

我每天早上都會說著「真是幸福啊~」從床上起來。就算發生了什麼糟糕的事，我也會正面地想著「謝謝，讓我學到了人生的一課」。

我切身感受到，只要能積極正面、面對所有事，抱著感謝的心情過生活，就能成為不太容易感受到壓力的人。

案例分析
克服肌膚粗糙乾燥之路

Chapter 5

在這一章中，我將介由治療為肌膚粗糙乾燥所苦的患者案例，告訴各位肌膚乾燥粗糙的類型以及治療方法。

雖統稱是肌膚粗糙乾燥，但原因與治療方法會因人而異。若你是正煩惱於肌膚乾燥粗糙的人，可以試著從接近自己的類型來思考治療法。

Case 1

保養品不適合肌膚的A小姐（三十四歲銀行員）

A小姐在五年前生了病，所以後來她就非常注意健康。飲食方面，她特別留心盡量吃不摻有食品添加物的食物，吃外食也限制在必要的最小限度中。

她使用的是知名的某無添加物保養品製造商所製造的保養品，雖然如此，這兩年來她還是幾乎天天都在為肌膚的乾燥所煩惱，即便是在夏天，臉上的皮膚也會起白屑，而且會有緊繃感。

A小姐因為生過大病，對於肌膚乾燥這件事幾乎是半放棄了，但在約一個月前，她眼睛周圍開始變紅，漸漸地，刺痛感也增強了起來，這下不去醫院不行，所以才來到了我們的醫院看診。

初次看診時，她眼睛的周圍是紅腫的，臉上的皮膚也全都是乾燥的。額角上有溼疹，下巴上則有小面皰。

我在看到A小姐臉的當下，就立刻知道原因出在保養品上。

我對A小姐說：「原因就出在妳現在使用的保養品不適合妳的肌膚。」結果A小姐反駁說自己非常注意健康，使用的保養品也都是無添加物的，質疑我是不是在雞蛋裡挑骨頭。

我雖然向A小姐說明，她所使用的無添加保養品只有沒有添加對羥基苯甲酸酯這個防腐劑，卻包含了其他許多有害物質，但她卻無法接受。於是我勸說她只針對保養品去做過敏反應的測試，A小姐才勉勉強強答應。

檢測的結果，A小姐所使用的保養品幾乎全都出現過敏反應。

我們所進行的是一種叫做「貼膚測試」的檢測。A小姐將自己正在使用的保養品全都帶來，然後將各種保養品少量地塗抹在檢測用的貼布上，再貼到皮膚上。就這樣貼兩天，盡可能小心不要弄溼，也不要沾到汗水。兩天後再取下貼布，觀察皮膚的反應。

A小姐看著自己的手在進行貼膚測試後變得通紅時，放聲大哭起來。「我是這麼相信這個保養品才使用的……沒想到問題竟出在保養品上頭……」

約過了一個小時，她終於恢復了能正常說話的狀態，於是我便向她詳細說明保養品中含有的有害物質。A小姐雖然還是一副不太能信服的樣子，但關於往後的治療方針，她則同意願意將所有保養品都替換成不含有害物質的保養品。

一個禮拜後，A小姐再度來到醫院。

她眼睛周圍的紅腫消退了，額角上的溼疹也有所改善。全臉的乾燥以及下巴的面皰減輕到輕微的程度。

案例分析克服肌膚粗糙乾燥之路

Chapter 5

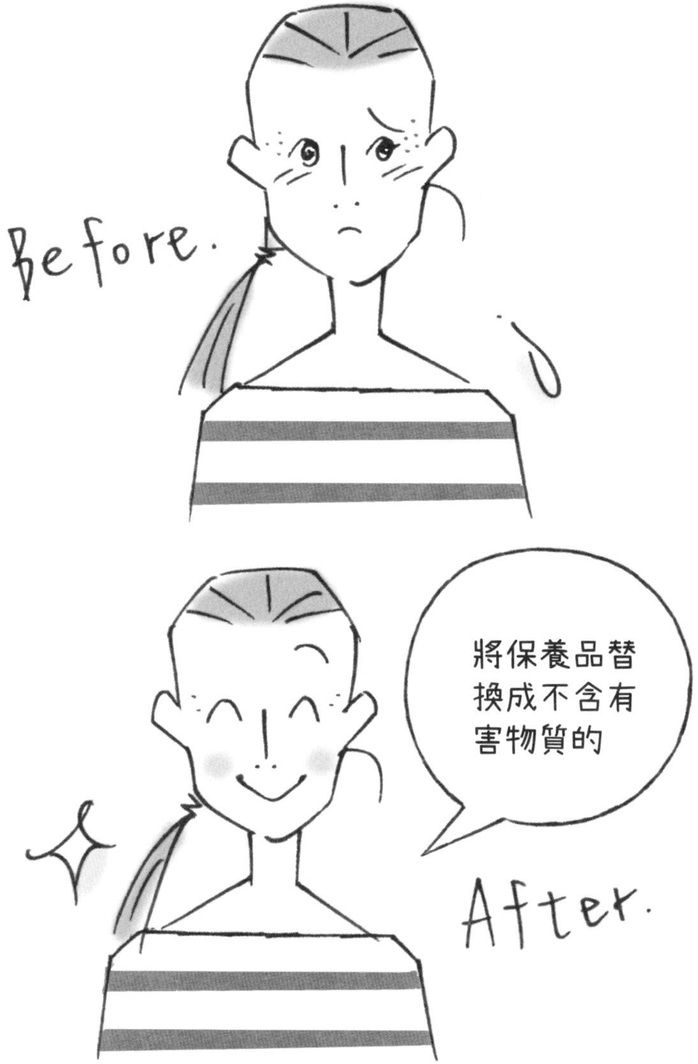
Before.
將保養品替換成不含有害物質的
After.

Ａ小姐的表情變得和上回截然不同，變得非常開朗。

「上次回家後，我第一次去看了正在使用的無添加保養品的成分。雖然我不太清楚到底是寫了些什麼，但在我那麼相信那是無添加的保養品中，竟然加入了那麼多的化學物質。從我開始使用不含有害物質的保養品起，我的臉就立刻就感到清爽多了。」

在那之後的一個月，Ａ小姐再來複診時，她的肌膚就變得簡直像另一個人般白淨透析。乾燥完全消失不見，下巴上的面皰也完全好了。

Ａ小姐說：「我深信，只要有什麼不好的東西在我的體內，就會引起重大疾病，所以才使用無添加保養品。在得知『標榜無添加』的保養品其實根本不是那麼一回事，我真的非常震驚。我沒能相信醫生您的話還有所反抗，真是對不起。今後也請您多多照顧了。」

Case 2

臉部發癢情況嚴重的B小姐（三十八歲鋼琴老師）

B小姐從三年前起臉部就有發癢、發紅的情況，因而前往住家附近的皮膚科就診。

她被診斷出來是患了「脂漏性皮膚炎」。每次塗藥，情況就會好轉，但若停藥，很快又會惡化，這樣的狀況不斷重複上演著。最近這半年來，她即便塗了藥也無法治癒發癢，晚上睡覺時，經常會因搔癢疼痛而醒來，所以她開了兩個小時的車，來到我們醫院看診。

初診時，她整臉發紅，有著細微的脫皮，到處都有抓傷。所謂的「脂漏性皮膚炎」是發生在皮脂分泌過多的部分，像是鼻子周圍、眉間、額頭、頭皮、髮際處的疾病，但不是像B小姐那樣會全臉發紅、發癢的症狀。此外，若清楚劃分臉的輪廓，一眼就能看出臉部發紅的界線，比較像是因為某種東西而發炎。

但是，造成發炎的原因到底是保養品還是化妝品呢？或者也有可能是因為治療而塗抹的軟膏。

我建議B小姐進行貼膚測試，她同意了。

在貼膚測試中，她對化妝水、乳液以及防曬乳都產生反應。特別是在貼了塗有防曬乳貼布的手腕皮膚上，出現了水泡。因而可以斷定，造成臉部輪廓出現紅色界線的原因就出在防曬乳上。

我告訴B小姐，她罹患的疾病名稱不是「脂漏性皮膚炎」而是「接觸性皮膚炎」也就是皮膚發炎過敏。「脂漏性皮膚炎」和「接觸性皮膚炎」在治療上會使用相同的外敷用藥。塗上藥後，症狀暫時會改善，但若每天仍持續使用造成發炎過敏的保養品，當然無法完全根治。

我給B小姐的治療方針如下。

Before.
好癢
停用保養品
半年後
After.

○為了讓受到保養品傷害的肌膚恢復健康，要塗幾天的軟膏。
○停止使用貼膚測試所找出不適合肌膚的保養品。

我向B小姐說明保養品的害處，好在她能夠理解，所以不僅是不適合她肌膚的保養品，她甚至停用所有保養品，全換成了不含任何有害物質的保養品。

一個禮拜後，她再來醫院時，臉上的紅腫完全消失，只殘留有抓傷的痕跡。全臉細小的脫皮也不見，變成了光滑的肌膚。

我：「我們就先不要再塗抹軟膏了吧。但是，至今為止的三年中，肌膚因為受損而變得需要依賴軟膏保護，一旦停用軟膏，肌膚的情況極有可能會變差，這是過渡期，所以請定期來院看診。」

B小姐：「好，我知道了。我治了三年都治不好而感到痛苦的疾病，如今卻像夢般消失了。我真的好高興。」

兩個禮拜後她再來複診時，臉部的情況果然變糟了。雖然沒有發紅，但全臉都出現了白屑，而且是稍微發癢的狀態。

我：「這樣的狀況是正常的。或許稍微發癢會有些不舒服，但和之前的情況比起來也算不了什麼，對吧？接下來約有半年的時間都會重複像這樣的情況，一下好，一下壞，這正是肌膚在恢復健康了。」

B小姐：「我知道了。我完全相信醫生您。」

之後約有三個月的時間，B小姐的臉偶爾會出現發癢的情況，但仍順利恢復了健康。

現在她仍時常會開兩個小時的車來本院看診，讓我看看她健康的臉孔。

Case3

肌膚含水量不足的C小姐（二十六歲護士）

C小姐過了二十歲之後，整張臉就冒出了許多痘痘。近來，因為工作比較辛苦，每次只要值夜班結束，痘痘的情況就會變嚴重，幾乎可以說全臉上都滿是痘痘的狀態。她在網路上看到有文章說油性產品對面皰不好，所以就使用了不含油質的面皰專用保養品一段時間，可是卻完全不見改善，所以前來本院看診。

初診時，C小姐的肌膚整體都很乾燥，臉上還混有化膿的大顆痘痘和白色面皰。

我問她是怎麼保養肌膚的，她說：「總之因為油質對肌膚不好，所以我會使用不含油質的洗面乳，並用熱水洗臉，之後就只有擦化妝水而已。我想要遮住面皰，所以就用遮蓋性強的粉底液。偶爾也會去美容護膚中心，接受標榜對治療面皰很有效的按摩。」

我針對現今C小姐肌膚上所出現的狀況詳細說明。

○皮膚的含水量異常少，角質很硬，毛孔也是處於堵塞狀態。

○粉底液以中摻有油分以及矽銅等成分，這些成分光靠洗臉乳根本無法溶解，而成為造成毛孔堵塞的原因。

○在長了痘痘的臉上按摩造成刺激，反而引起致更大的化膿痘痘。

此外，從皮膚含水量異常少的這點來考量，我向C小姐說明：

○因為是用熱水來洗臉，會沖掉肌膚自身為了滋潤而產出的重要保溼成分。

○雖然現在所使用的保養品是宣稱不含油質的，但卻含有其他有害物質。

○因為深信油質不好，就只用保溼力比較弱的化妝水。

○話說回來，或許正在使用的保養品根本就不適合自己。

此外我還告訴她，認為所有油質都對成人痘有害這點也是錯誤的。的確，含有許多油酸的橄欖油以及茶花油等是會讓面皰惡化，但是，含油酸較少的油質有抑制炎症的作用，所以能將面皰導往好轉的方向。

首先我們要來做的就是貼膚測試。結果她所使用的洗面乳、化妝水、粉底液等所有保養品全都出現過敏反應。

我對她的治療方針，重點在於增加肌膚含水量。

○停用現在所有的保養品，改換成不含有害物質的保養品。不要害怕油質，改使用不含界面活性劑的卸妝油與保溼油。

○用溫水洗臉。

○洗髮時，仔細留意不要讓洗髮精、潤髮乳、沖洗頭髮的熱水等沾到臉上。

○停止一切按摩。不要隨便觸碰臉頰。

C小姐不安地問我：「這樣就能治好面皰了嗎？」我告訴她：「總之請這麼做吧。」

一個禮拜後C小姐再來複診，她的面皰明顯改善許多。鮮紅腫大的面皰變小，變成了紫紅色，白色痘子的的數量也明顯減少許多。

我對C小姐說：「情況改善了很多喔。」但她卻似乎有些不滿地說：「是嗎？」

至今為止，我治療過許多面皰患者，有很多患者即便情況有所改善了，她們仍會說：「沒有改善。」即便面皰化膿、發紅的症狀減輕，但臉上的痘痘卻不會一下就減少，所以對患者來說，常會無法感受到症狀是有改善的。

一旦冒出面皰，要將發紅的地方全部消去，需要半年～三年的時間。不可能只

在一個禮拜立刻改善。

「那麼，妳還記得一個禮拜前自己的臉嗎？在這裡有一顆很大的痘子吧？妳看，在這裡曾經有更多的白色痘子吧？」我向她詳細說明著。結果，她才終於相信的說：「或許有吧……。」

因為要花上較長時間治療，所以治療面皰患者時最難的就是，為了能維持患者繼續治療下去的意志，每次都要讓患者能自覺到情況是有所改善的。

若無法維持意志，而使用了在雜誌中介紹到看起來不錯的保養品，或是朋友推薦的東西，就會功虧一簣了，變成重複之前的錯誤，中斷來醫院的看診與治療。這對患者來說是最大的不幸。

C小姐自覺到症狀有所改善，也再度確認今後要用心注意之處，就和我預約一個月後的復診。

乾燥粗糙
乾燥粗糙
Before.

肌膚的含水
量增加了
After.

一個月後C小姐再來複診，她臉上化膿的面皰已經沒有了，而是變成了又小又紅的面皰痕跡。白色的面皰雖還有殘留，但也減少到約是初診時十分之一的程度。

C小姐告所我，她有實際體驗到症狀順利改善，所以每天都心情愉快地過日子。但是，要改善面皰痕跡的時間太長，她實在無法等待，所以希望能追加光照治療，以找回美麗的肌膚。現在的她態度非常積極，正認真地接受治療呢！

※C小姐所追加接受的治療是雷射治療的一種（健保不給付）。

Case 4

自製保養品卻長面皰的D女士（四十二歲專職家庭主婦）

D女士的肌膚自小就很脆弱。她用過各種不同的保養品，但每次臉都會發紅、發癢，因為不斷重複著這樣的情況，三年前，她上網查找資料後終於決定自己動手做保養品。自從開始使用自製保養品，她肌膚的情況雖變好了，但在一年前左右，下巴部分卻出現了怎麼都治不好的面皰，偶爾也會全臉發癢，所以前來本院看診。

初診時，D女士的肌膚就整體來說是正常的，只有下巴是有化膿面皰的狀態。

我從D女士的話中，提醒她幾點注意事項。

○在目前使用的自製保養品中，很有可能摻有不必要卻可能會引起過敏的物質，最好能不要用到那些物質。

○有些自製保養品使用到一個月之久，但尤於沒有加防腐劑，保養品超過一週就會繁殖雜菌，成為肌膚問題的元凶，所以不可使用過期的，應每週替換新的自製保養品。

○保溼用油是使用食用的特級初榨橄欖油，容易長痘子的人，可以改換其他油。

○在浴缸裡泡澡時，不可以連下巴都一起泡到（很多下巴出現痘子的患者都做了這件事）。

D女士兩週後來複診，下巴的痘子完全好了，只是臉仍偶爾會發癢。我告訴D女士，像她這樣肌膚非常脆弱的人，也會因為洗潔劑或柔軟劑殘留在洗臉時所使用的毛巾上而引起過敏發疹，並教導她在擦臉時可以使用餐巾紙。

過了兩週，D女士再來複診，她笑著說：「我的肌膚問題完全好了！」

Before.

改良自製
保養品
After.

Case5

有金屬過敏的E小姐（三十五歲美容師）

E小姐從十年前起，臉上就出現了面皰。起先是只有在額頭處，慢慢地就擴散到全臉。她前往住家附近的皮膚科去看診，並使用了內服、外用藥，雖然情況暫時有所好轉，但一旦停藥，就又會惡化。這樣的情況不斷重複。

在最近三年，她即便用藥，症狀卻絲毫不見改善。雖然輾轉去了其他家皮膚科，治療內容與處方用藥也幾乎相同，讓她陷入絕望。她聽了友人的建議，搭了快一個小時的車來到本院看診。

初診時，E小姐全臉有一堆化膿的面皰，特別是額頭的部分，簡直是布滿面皰的狀態。E小姐在來本院看診前，曾看過本院的網頁，讀過我寫的部落格。E小姐從我部落格的文章中懷疑自己可能是因為金屬過敏，所以告訴我想接受檢測。

而我也直覺認為E小姐肌膚問題的原因，出在金屬過敏的機率很高，所以兩個人立刻就達成共識。

我對E小姐的治療方針如下。

○進行金屬過敏的檢測。

○若斷定是金屬過敏，就拿掉齒科金屬。

○盡量避免食用許多含有會造成過敏的金屬的食品。

○即便拿掉了齒科金屬，那些物質要從身體完全排出也須要花上半年左右，所以要耐心地等待時間經過。

E小姐的金屬過敏檢測和保養品的貼膚測試一樣，是將各種金屬的溶液塗抹在貼布上，然後貼在肌膚上。

在E小姐的金屬貼膚測試中，對很多金屬都出現了強烈的反應。

一般的患者在確定為金屬過敏後通常都會備受衝擊，可是E小姐卻不一樣。她冷靜沉著的擺出勝利的姿勢說：「知道原因了！能治好面皰了！」

E小姐的行動很迅速。她立刻預約牙醫，為了將裝有金屬的六顆牙替換成陶瓷而開始治療。我寫了封信給牙醫，拜託醫師因為E小姐對某些金屬過敏，請使用不含這些金屬的接合劑。

四個月後，E小姐來接受了我的診療，她向我報告，終於清除掉所有牙齒中的金屬物質。

那個時候，E小姐的面皰已經變成了只有初診時的一半。

在進行治療中時，因為口腔沾附到被削除的金屬，所以面皰一度惡化。她也告訴了我這件事，但她說她並沒有因此沮喪灰心而是完成了治療。

由於E小姐會對之過敏的金屬，也多存在於巧克力、堅果類等中，所以我也指

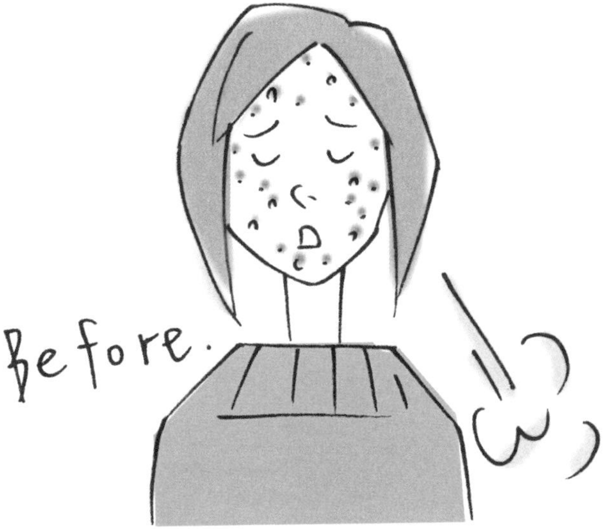
Before.

清除了口中的齒科金屬
After.

導她盡量不要吃那些食物。然後就是等待時間的經過了。

雖然E小姐說：「我半年後會再來～」但經過了半年、一年後，她都沒再來過了。

大約兩年後，E小姐來了。她臉上的面皰完全好了。

她說：「醫生，謝謝您！雖然我是非常感謝您，但因為面皰都已經好了，還要再來好麻煩～。今天我剛好有事來這裡，所以就前來向您道謝。」

Case 6

過著模範的美肌生活，肌膚仍粗糙乾燥的F小姐

（四十三歲公司經營者）

F小姐是我們醫院的老患者，自七年前剛開業時就前來看診。她的肌膚很脆弱，對各種保養品過敏，是一位過著不斷出現面皰與乾燥肌人生的患者。她也是使用我做的保養品後，改善了肌膚而欣喜不已的其中一位患者。

雖然她肌膚的情況暫時變好，但偶爾也會在臉上出現些小痘痘，原因卻不明。因為她也有金屬過敏，所以會盡量不吃巧克力或堅果類食物。雖然沒有到很令人介意的地步，但還是希望最好別長出來。

因此，她來找我商量，看看該怎麼辦？

F小姐有接受臉部的光照治療以及美容注射，會定期來醫院。F小姐總是很和氣，所以每次她一來都會帶給我活力，是一位很了不起的女性。

F小姐在向我諮詢時，在她的臉上有著不注意看就不會發現的小痘子。F小姐為了美肌，每天都過著模範般的生活。因為從年輕起她就一直在為肌膚煩惱，為了讓肌膚變美麗，只要人家說是對肌膚好的事，她全都會去做。

她不擦對肌膚不好的東西，睡眠時間為七小時，也會定期到健身房去做運動。只有一件很不模範的事情，那就是飲食習慣。她非常喜歡甜食、愛喝酒。喜歡吃肉。雖然沒有便祕，但排便也不是很順暢。

我：「雖然不知道能否改善您額頭上的面皰，但我認為您的腸內環境一定要好好重整。要不要試著過過看三天只吃生菜與水果的生活？在那之後，為了增加腸道的好菌，不讓壞菌增加，請一段時間試著少吃點肉類吧。此外，砂糖會成為壞菌的養料，所以要不要也來試著別吃甜的東西呢？」

Chapter 5

案例分析克服肌膚粗糙乾燥之路

F小姐：「也不能一直喝啤酒和紅酒嗎？」
我：「執行輕斷食的那三天別喝酒精類，在那之後就OK。」
F小姐：「那我放心了，如果是這樣，我能做到。」

F小姐的行動總是很快速又令人吃驚。跟她談完話，過了三天，她又來接受我的診療。

F小姐：「醫生，這真是太令人驚訝了！我才過了只吃生菜和水果的生活一天而已，額頭上的面皰就消失了。因為很令人吃驚，我就堅持到今天，結果我的肌膚變得非常透亮，對吧？這真是我至今為止最漂亮的肌膚了！」

雖然無法用眼睛確認，但F小姐似乎對整備腸道環境的重要有了深切的體悟。所以後來，她變得完全不吃摻有砂糖的食物，肉吃得很少，相對地倒是攝取了大量的生菜與水果。

Ｆ小姐告訴我，後來她雖然極為偶爾的仍會在額頭上長出痘子來，但只要接著過一天只吃生菜與水果的生活，情況就會立刻改善。

Case 7

有乳糜瀉的G小姐（二十八歲看護）

G小姐從國中起就為面皰煩惱，即便試過了各種保養品，仍治不好面皰。有人建議她去美容護膚中心進行要價不斐的治療，可是治療的結果卻讓她的面皰更加惡化，情況就這樣一直惡性循環下去，後來因聽人介紹而得知本院，於是來此接受診療。

初診時，她的全臉都有面皰，還是遍布著大顆化膿的面皰。而且臉上也有發紅，所以我立刻就知道她是因保養品過敏。

我向她說明關於保養品的貼膚測試，她說：「就算不做測試，我自己也察覺到所使用的保養品不適合自己。若有比較好的保養品，我也很想使用看看。」於是從那天起，她便開始使用我所做的保養品。

兩個禮拜後複診，她的面皰減少了約三分之一。G小姐也因為情況改善了而開心的說著：「真是太好了～」

一個月後再復診，她的面皰雖比初診時減少了，但卻又出現新的面皰。因為面皰有比之前減少了，所以G小姐說：「就這樣繼續下去試試看吧。」

半年後，G小姐再度來到本院。整體而言，她當時的狀態是臉上的面皰又增多了。

除了保養品之外，應該還有其他原因……我問了她許多詳細的問題。

結果發現，G小姐的飲食習慣很糟糕，她很喜歡碳酸飲料，每兩天就吃一次速食，每天中午都吃泡麵，飯後一定會吃甜點作結，她的飲食風格就是這樣。

她不吃水果，蔬菜吃得很少，而且睡前還會吃拉麵等宵夜。每天的睡眠時間為三～四小時，完全不運動。

現在的年輕人都過著這樣的生活嗎……對此，我感到愕然不已。我向她說明食物會打造身體也打造肌膚，並向她建議：「試著三天，只吃生菜與水果的生活吧。」

雖然G小姐說她沒有這個自信，但我仍強迫式的與她訂下約定：「就先來試試看吧。我等妳三天後再過來。」

三天後，本來那麼多化膿的面皰，竟如作夢般都恢復原狀。

連G小姐本人也說：「太令人驚訝了。只是改變食物竟然就能有這樣的改變……我從來都沒想過至今為止自己的飲食習慣是不好的。今後我會試著留意的。」而且她也和我約定，要盡可能去實行我所建議的美肌飲食習慣。

在那之後過了一個月，G小姐再次來到本院。她的面皰又增加了。G小姐沒什麼自信的說：「我想，我應該是有遵守了美肌飲食習慣的……。」

我問了她排便的情況後，她告訴我肚子總會脹氣而疼痛，而且也不斷重複著腹瀉與便祕的情況。既然進行了美肌飲食習慣，腸內環境應該會變好，排便也會順暢才是。

G小姐說，她很喜歡麵包與麵類，每次吃完拉麵的隔天，就一定會脹氣腹痛。這或許是乳糜瀉*！

我指導她，「從今天開始，一個禮拜之內完全不要吃有使用麵粉的食物。」一個禮拜後，G小姐再來複診，她臉上的面皰幾乎全消失了。她說，腹痛的情況在這一個禮拜中也沒出現。至今為止，肚子的情況從沒有像現在這樣好過。

G小姐肌膚問題的原因就出在不適合的保養品以及至今都沒注意到的乳糜瀉上。從那之後，G小姐就過著不吃麵粉的飲食生活。

結果她的肌膚真的變漂亮了。聽說偶爾她也會覺得只吃一點點沒關係就吃了麵包與拉麵，結果果然又冒出痘痘且出現腹痛。但為了別給自己造成太大壓力，偶爾她會願意忍受一下面皰與腹痛。

*註：乳糜瀉，由食物中特定的蛋白質所引發的疾病。不是單純的腹瀉，而是一種自體免疫疾病。

Before.
不再吃麵粉
After.

Case 8

按摩霜導致疹子的H小姐（十九歲專科學校學生）

H小姐一年前從高中畢業，為了成為美容師而進入專門學校就讀。從高中三年級起，她的臉上就開始長出痘痘，在專門學校與同學互相進行按摩實習，痘痘接著擴散到了全臉。

初診時，她全臉都很乾燥，也有些微的發紅，而且是遍布著小痘子的狀態。聽說她國中時期的肌膚是非常漂亮健康的。隨著詳細的問診，我得知她開始長出痘子是在高中三年級時，開始化妝之後。此外，在實習中，H小姐在接受臉部按摩時所使用的乳霜，也會讓她感到隱隱的刺痛。

我推測H小姐在一年前開始使用的化妝品，正是造成肌膚情況惡化的原因，而且實習時所用的乳霜又跟她的肌膚不合，所以才會導致症狀惡化。

我給予她的治療方針如下。

○因為實習時用的乳霜會造成皮膚過敏，可用軟膏來治療過敏。

○由於她一年前都還沒有使用保養品，表示因為她才十九歲，肌膚的再生能力很強，自我肌膚的潤澤力也很足夠。結束過敏的治療，乾脆不要用保養品。

H小姐對此有些抗拒。她說：「不擦保養品這件事簡直讓我無法想像！那會讓我的臉變得粗糙乾燥！」

當我問她：「那麼為什麼直到妳高中二年級為止，明明什麼都沒擦卻也不會讓妳的臉變得粗糙乾燥呢？當時妳的肌膚還比較健康漂亮吧？」她想起了一年前的事。然後她同意的說：「原來如此，那我試試看吧！」

首先，我要她為了治療皮膚過敏而塗上一個星期的軟膏，之後再來複診。

複診時，她臉上的乾燥與發紅已完全改善，面皰的數目也稍微減少了點。

我：「接著就是完全別用保養品了。如果出現乾燥粗糙、肌膚的狀態更形惡化了，就請過來一趟。如果情況沒惡化，就請一個月之後再來。」

H小姐：「雖然聽起來很可怕，但我願意試試。」

H小姐過了一個月才來複診。她的面皰大幅減少，數量少得能數得出來。雖然會覺得有點乾燥，但還不到痛苦的地步。肌膚的狀態到底有沒有變好她自己也很清楚，所以想繼續這樣下去。可是因為她還有按摩實習，所以就問我該怎麼辦才好。

我為了向專門學校的老師說明，便寫了一封信。我說，H小姐因為肌膚很脆弱，現正治療中，而且她對按摩霜會起過敏反應。希望可以讓她用對肌膚無害的油類來代替乳霜。

Before.
換掉了
按摩霜
After.

H小姐的肌膚順利回復了健康，三個月過後，她再來複診，已恢復了她高中二年級時那般漂亮健康的肌膚了。

H小姐後來約有四年的時間都會來本院看診。

在H小姐的臂彎中，已有了可愛的寶寶。

她對我說：「接受了醫生的治療，找回了對肌膚的自信，我立刻就交到男朋友！我結了婚，生下一個女孩。就像醫生教導我的那樣，等這孩子變得亭亭玉立，我也要告訴她不要化妝。」

結語

「維持本來的模樣」就是最美

感謝各位閱讀到最後。

我想這之中應該有各位已經知道的情報以及還不知道的事項。

我想要告訴各位的是「維持本來的模樣就是最美麗的」。每個人所擁有的自然美以及想要變美麗的力量，絕非塗抹昂貴的保養品可以比得上。

「那是自己身體喜歡的東西嗎？」

請傾聽自己身體發出來的聲音，並做判斷。

市售的保養品為了能更方便使用以及能長久保存，幾乎都加有對肌膚有害的各種化學物質。

動手自製保養品，不要使用這些富含添加物的保養品。這是擁有輕盈美肌所必須的「一道功夫」。

為了變美，請各位不要吝嗇，請好好努力。

此外，壓力是美肌的大敵，所以最理想的，是想著「這是為了變美所下的功夫」，愉快的度過這段時間。

我自己在為肌膚粗糙乾燥而煩惱的時候，會不想出現在人前，也完全不想照相。

但因為從肌膚乾燥粗糙的問題中獲得解脫，我變得不再害怕出現在人前，也覺得自己的性格好像變積極了。

我衷心祈願，希望大家都像我一樣，從過往那般為肌膚乾燥粗糙或是肌膚問題的煩惱中獲得解脫。

Note

Note

Note

國家圖書館出版品預行編目資料

減法美肌：月診萬人皮膚科醫師親身實踐，打破保養騙術 / 菅原由香子著；楊鈺儀譯.
-- 初版. -- 新北市：世茂, 2016.03
面；　公分. --（生活健康；B405）
譯自：肌のきれいな人がやっていること、いないこと

ISBN 978-986-92507-5-7（平裝）

1. 皮膚美容學

425.3　　105000289

生活健康 B405

減法美肌：月診萬人皮膚科醫師親身實踐，打破保養騙術

作　　者／菅原由香子
譯　　者／楊鈺儀
主　　編／陳文君
責任編輯／李芸
內文插圖／阿川真梨
內文模特兒／実優（株式会社ハニー・ビート）
攝　　影／織田桂子
封面設計／劉凱亭
出 版 者／世茂出版有限公司
地　　址／（231）新北市新店區民生路 19 號 5 樓
電　　話／（02）2218-3277
傳　　真／（02）2218-3239（訂書專線）・（02）2218-7539
劃撥帳號／19911841
戶　　名／世茂出版有限公司　單次郵購總金額未滿 500 元（含），請加 50 元掛號費
世茂網站／www.coolbooks.com.tw
排版製版／辰皓國際出版製作有限公司
印　　刷／祥新印刷股份有限公司
初版一刷／2016 年 3 月
　　二刷／2017 年 1 月

ＩＳＢＮ／978-986-92507-5-7
定　　價／280 元